技工院校机械类技能训练与鉴定指导丛书

数控车工技能训练与
鉴定指导（中级）

丛书主编　张才明

主　　编　张锐忠　　丘建雄

副主编　钟慧兰

主　　审　陈小燕　　朱政球

南京大学出版社

图书在版编目（CIP）数据

数控车工技能训练与鉴定指导／张锐忠，丘建雄主编．—南京：南京大学出版社，2010.12
（技工院校机械类技能训练与鉴定指导丛书）
ISBN 978-7-305-07917-7

Ⅰ.①数… Ⅱ.①张… ②丘… Ⅲ.①数控机床：车床—车削—高等学校：技术学校—教学参考资料 Ⅳ.①TG519.1

中国版本图书馆 CIP 数据核字（2010）第 242700 号

出版发行　南京大学出版社
社　　址　南京市汉口路 22 号　　邮　编　210093
网　　址　http://www.NjupCo.com
出版人　左　健

丛书名　技工院校机械类技能训练与鉴定指导丛书
书　　名　**数控车工技能训练与鉴定指导（中级）**
主　　编　张锐忠　丘建雄
责任编辑　瞿昌林　　　　　　　编辑热线　010-83937988
审读编辑　汤　锐

照　　排　天凤制版工作室
印　　刷　北京燕旭开拓印务有限公司
开　　本　787×1092　1/16　　　印张 12　字数 262 千
版　　次　2010 年 12 月第 1 版　2010 年 12 月第 1 次印刷
印　　数　1—3000
ISBN　978-7-305-07917-7
定　　价　28.00 元

发行热线　025-83594756
电子邮箱　Press@NjupCo.com
　　　　　Sales@NjupCo.com（市场部）

───────────────────────────────

前　言

　　本书是根据数控车工国家职业技能鉴定标准，结合中级考证的教学特点编写的。随着国内数控车床使用量剧增，急需培养一大批能熟练掌握数控车床编程和操作的应用型人才，该书是为了满足数控车床技能训练教学和鉴定指导，结合中级鉴定标准编写的。

　　本书的讲解是结合广州数控 GSK980TD 系统。分为四章，第一章数控车床操作面板。第二章编程，主要讲解常用的功能指令。第三章加工实例，总共有 13 个适合中级训练的实训课题。第四章数控车中级考证模拟试卷，共 7 套，主要是结合数控车床应掌握的知识而编写的。

　　本书是由广东省惠州市高级技工学校的张锐忠老师和丘建雄老师主编，由钟慧兰老师担任副主编，陈小燕和朱政球老师主审。在本书的编写过程中，参考了广州数控 GSK980TD 系统的编程与操作说明书，以及 FANUC 数控系统的说明书。本书虽然经过多次推敲和校对，仍难免有不妥之处，敬请读者和同行批评指正。

编　者

2010 年 5 月

前　言

目 录

第一章　数控车床操作面板

数控车床按照系统不同而有不同的面板，下面以 GSK980TD 为例进行讲解。GSK980TD 系统采用铝合金立体操作面板，面板的整体外观如图 1-1 所示：

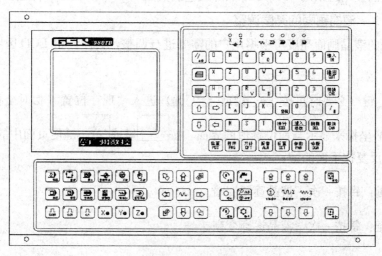

图 1-1　操作面板

1.1　面板划分

GSK980TD 车床数控系统具有集成式操作面板，共分为 LCD（液晶显示）区、编辑键盘区、页面显示方式区和机床控制显示区等几大区域，如图 1-2 所示：

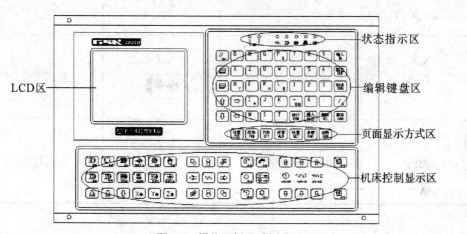

图 1-2　操作面板区域划分

1.2　面板功能说明

1.2.1　LCD（液晶）显示区

1.2.1.1　LCD

本系统的显示区采用 320×240 点阵式蓝底液晶（LCD），CCFL 背光。

1.2.1.2　液晶画面的亮度调整

本系统的液晶画面亮度可根据用户的需要进行调整，具体调整 LCD 区明暗度的步骤如下：

按 [位置 POS] 键（必要时再按 [≡] 键或 [≡] 键）进入"现在位置（相对坐标）"页面，即以 U 和 W 坐标来显示当前位置值的界面，按 [U] 键或 [W] 键使页面中的 U 或 W 闪烁，接下来反复按下面的键：

[↑] 键：每按一次，液晶逐渐变暗。

[↓] 键：每按一次，液晶逐渐变亮。

1.2.2　状态指示区

表 1-1　状态指示区说明

状态灯	注　释	状态灯	注　释
X　Z	X、Z 向回零结束指示灯	〰	快速指示灯
□	单段运行指示灯	▶◀	机床锁指示灯
MST ▶◀	辅助功能锁指示灯	〰▶	空运行指示灯

1.2.3　编辑键盘区

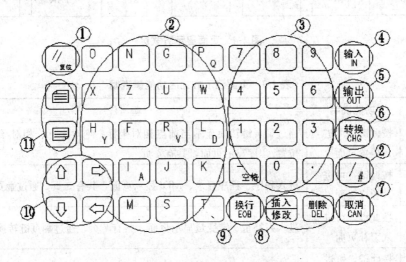

图1-3　编辑键盘区

将编辑键盘区的键再细分为11个小区，每个区的具体使用说明如下：

表1-2　编辑键盘区功能键说明

序号	名　称	功能说明
1	复位键	按此键，系统复位，进给、输出停止
2	地址键	按此类键，进行地址录入
3	数字键	按此类键，进行数字录入
4	输入键	用于输入参数、补偿量等数据；通讯时文件的输入
5	输出键	用于通讯时文件输出
6	转换键	用于为参数内容提供方式的切换
7	取消键	在编辑方式时，用于消除录入到输入缓冲器中的字符，输入缓冲器中的内容由LCD显示，按一次该键消除一个字符，该键只能消除光标前的字符，例如LCD中光标在字符"N0001"的后面，则按一次、两次、三次该键后的显示分别为：N000、N00、N0
8	插入、修改、删除键	用于程序编辑时程序、字段等的插入、修改、删除操作
9	EOB键	用于程序段的结束
10	光标移动键	可使光标上下移动
11	翻页键	用于同一显示方式下页面的转换、程序的翻页

1.2.4　页面显示方式区

本系统在操作面板上共布置了7个页面显示键，如图1-4所示：

位置 POS	程序 PRG	刀补 OFT	报警 ALM	设置 SET	参数 PAR	诊断 DGN

图 1-4　页面显示方式区

表 1-3　页面显示方式区功能键说明

名称	功能说明	备　注
位置页面	按此键，可进入位置页面	通过翻页键转换显示当前点相对坐标、绝对坐标、相对/绝对坐标、位置/程序显示页面，共有 4 页
程序页面	按此键，可进入程序页面	进入程序、程序目录、MDI 显示页面，共有 3 页，通过翻页键转换
刀补页面	按此键，可进入刀补页面	进入刀补量、宏变量显示页面，共有 7 页，通过翻页键转换
报警页面	按此键，可进入报警页面	进入报警信息显示页面
设置页面	按此键，可进入设置页面	进入设置、图形显示页面（设置页面与图形页面间可通过反复按此键转换）。设置页面共有 2 页，通过翻页键转换；图形页面也共有 2 页，通过翻页键转换
参数页面	按此键，可进入参数页面	反复按此键可分别进入状态参数、数据参数及螺距补偿参数页面，以进行参数的查看或修改
诊断页面	按此键，可进入诊断页面	通过反复按此键，可进入诊断、PLC 信号状态、PLC 数值诊断、机床面板、系统版本信息等页面查看信息

1.2.5　机床控制区

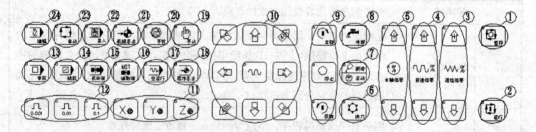

图 1-5　机床控制区

表 1-4　机床控制区功能键说明

序号	名　称	功能说明
1	进给保持键	按此键，系统停止自动运行
2	循环启动键	按此键，程序自动运行

续表

序号	名　称	功能说明
3	进给速度倍率键	自动运行时可增大或减少进给速度，手动时选择连续进给速度
4	快速倍率键	选择快速移动的倍率
5	主轴倍率键	选择主轴旋转倍率
6	手动换刀键	按此键，进行相对换刀
7	润滑液开关键	按此键，进行机床润滑开/关转换
8	冷却液开关键	按此键，进行冷却液开/关转换
9	主轴控制键	可进行主轴正转、停止、反转控制
10	进给轴及方向选择键	可选择进给轴及方向，中间按键为快速移动选择键
11	手轮轴选择键	选择与手轮相对应的移动轴
12	手轮/单步倍率选择键	可进行手轮/单步移动倍率选择
13	单段键	按此键至单段运行指示灯亮，系统单段运行
14	跳段键	按此键至跳段运行指示灯亮，系统跳段运行
15	机床锁住键	按此键至机床锁住指示灯亮，机床进给锁住
16	辅助功能锁住键	按此键至辅助功能锁住指示灯亮，M、S、T功能锁住
17	系统空运行键	按此键至空运行指示灯亮，系统空运行，常用于检验程序
18	程序回零方式键	按此键，进入回程序零点方式
19	手动方式键	按此键，进入手动操作方式
20	单步/手轮方式键	按此键，进入单步/手轮方式（单步或手轮可通过参数设定）
21	机械回零方式键	按此键，进入回机械零点方式
22	录入方式键	按此键，进入录入（MDI）操作方式
23	自动方式键	按此键，进入自动操作运行方式
24	编辑方式键	按此键，进入程序编辑操作方式

1.2.6　附加面板（选配件）

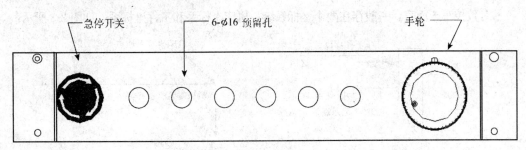

急停开关　　　　6-φ16 预留孔　　　　手轮

图 1-6　附加面板

　　该面板是为有特殊需求的用户设计的选配件，包括急停、手轮以及 6 个 φ16 的预留孔，可以安装一些其他按钮以实现更方便的手动操作。

第二章 编 程

2.1 编程基本知识

2.1.1 轴定义

为简化编程和保证程序的通用性，对数控机床的坐标轴和方向命名制订了统一的标准，本车床数控系统使用 X 轴、Z 轴组成的直角坐标系进行定位和插补运动。X 轴为水平面的前后方向，其运动方向为工件的径向并平行于横向拖板；Z 轴为水平面的左右方向，是平行于主轴轴线的。向工件靠近的方向为负方向，离开工件的方向为正方向。

本系统规定，从车床俯视图上看，刀架在工件的前面称为前刀座，刀架在工件的后面称为后刀座。图 2-1 为前刀座的坐标系，图 2-2 为后刀座的坐标系。从图 2-1、图 2-2 我们可以看出，前后刀座坐标系的 X 方向正好相反，而 Z 方向是相同的（通过改变参数№. 175 的 BIT0 位 XVAL 和 BIT1 位 ZVAL 确定坐标显示正负）。

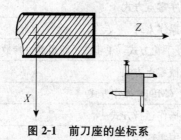

图 2-1 前刀座的坐标系

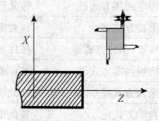

图 2-2 后刀座的坐标系

2.1.2 坐标系

对数控车床而言，一般存在两个坐标系统：机床坐标系和工件坐标系，如图 2-3 所示：

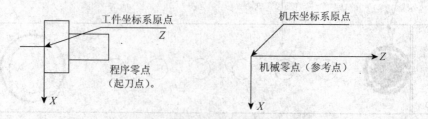

图 2-3 工件坐标系与机床坐标系之间的关系

2.1.2.1 机床坐标系、机械零点（参考点）

机床坐标系是机床固有的坐标系，机床坐标系的原点称为机床原点或机械零点（或称参考点），通常安装在 X 轴和 Z 轴的正方向的最大行程处。在机床经过设计、制造和调整后，这个原点便被确定下来，它是固定的点。数控装置通电时并不知道机械零点，通常要进行自动或手动回机械零点，以建立机床坐标系。机床回到了机械零点，找到所有坐标轴的原点，CNC 就建立起了机床坐标系。

注意：若你的车床上没有安装机械原点，请不要使用本系统提供的有关机械原点的功能（如 G28）。

2.1.2.2　工件坐标系、程序零点

工件坐标系是编程人员在编程时使用的，为了简化尺寸计算和编程，编程人员选择工件上的某一点为坐标原点而建立的一个坐标系，称为工件坐标系。为了确定刀具起点与工件坐标系之间的相对位置关系，我们将刀具起点位置称为程序零点，本系统使用的是 G50 指令定义程序零点在工件坐标系中的坐标位置。G50 一旦定义，程序零点与工件坐标系间关系即被确定，通电工作期间一直有效，直到被新的 G50 设定所取代。关机不保存程序零点位置。开机后如无 G50 设定，则以当前显示的绝对坐标值为刀具起点建立起工件坐标系与刀具起点间的相对关系。工件坐标系的原点应选在尺寸标注的基准或定位基准上。对车床编程而言，工件坐标系原点一般选在工件轴线与工件的端面（图 2-4）或卡盘面（图 2-5）的交点上。

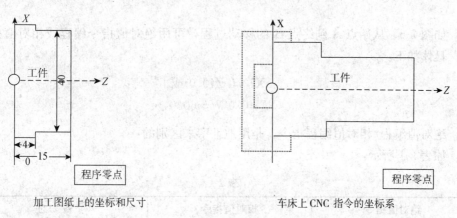

加工图纸上的坐标和尺寸　　　　　　　　车床上 CNC 指令的坐标系

图 2-4　坐标系原点在卡盘的端面

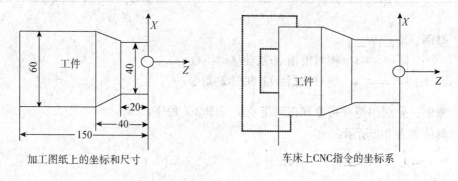

加工图纸上的坐标和尺寸　　　　　　　　车床上 CNC 指令的坐标系

图 2-5　坐标系原点在工件的端面

2.1.3　绝对坐标编程和相对坐标编程

作为定义轴移动量的方法，有绝对值定义和相对值定义两种方法。绝对值定义是用轴移动的终点位置的坐标值进行编程的方法，称为绝对坐标编程。相对值定义是用轴移动量直接编程的方法，称为相对坐标编程。本系统中，绝对坐标编程采用地址 X、Z，相对坐标编程采用地址 U、W。

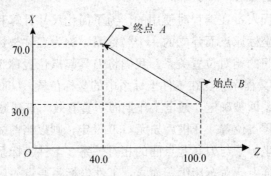

图 2-6　绝对坐标与相对坐标

如图 2-6，从始点 A 到终点 B 的移动过程，可用绝对值指令编程或相对值指令编程，具体如下：

X70.0 Z40.0 或

U40.0 W−60.0

绝对值编程/相对值编程指令，是用地址字来区别的：
如表 2-1 所示：

表 2-1

绝对值指令	相对值指令	备　注
X	U	X 轴移动指令
Z	W	Z 轴移动指令

举例： X__ W__;
　　　　　　→ 相对值指令(Z 轴移动指令)
　　　　→ 绝对值指令(X 轴移动指令)

举例： 分别用绝对指令和相对指令编写图 2-7 程序。
具体如表 2-2 所示：

表 2-2

指令方法		使用地址	图 2-7 中 $B \rightarrow A$ 的指令
绝对指令	指令在零件坐标系中终点位置	X（X 坐标值） Z（Z 坐标值）	X400.0 Z50.0;
相对指令	指令从始点到终点的距离	U（X 坐标值） W（Z 坐标值）	U200.0 W−400.0

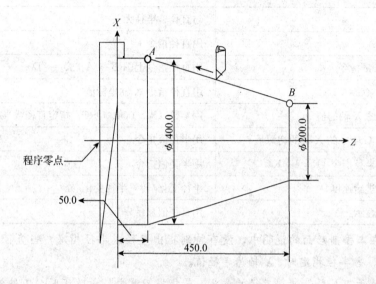

图 2-7 绝对、相对编程例图

注 1：绝对值指令和相对值指令在一个程序段内可以混用。上例中也可以编为 X400.0 W−400.0。

注 2：当 X 和 U 在一个程序段中同时出现时，X 指令值有效。

注 3：当 Z 和 W 在一个程序段中同时出现时，Z 指令值有效。

2.1.4 直径方式和半径方式编程

数控车床的工件外形（如图 2-8）通常是旋转体，其 X 轴尺寸可以用两种方式加以指定：直径方式和半径方式。

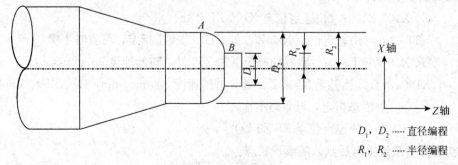

D_1，D_2 ⋯⋯直径编程

R_1，R_2 ⋯⋯半径编程

图 2-8 工件外形图

用直径值指定时称为直径编程，用半径值指定时称为半径编程。采取直径编程还是半径编程可由参数№. 001 的 BIT2 位设置。

当参数№. 001 的 BIT2 位为 1 时，用半径编程。

当参数№. 001 的 BIT2 位为 0 时，用直径编程。

当 X 轴用直径编程时，请注意表 2-3 条件：

表 2-3　直径指定注意事项

项　目	注意事项
Z 轴指令	与直径、半径无关
X 轴指令	用直径指令
地址 U 的增量指令	用直径指令上图 $B \rightarrow A$，$D_2 \rightarrow D_1$
坐标系设定（G50）	用直径指令 X 轴坐标值
刀具补偿量的 X 轴的值	用参数（No. 004、ORC）指定直径或半径
G90、G92、G94 中的 X 轴的切深量	用半径值指令
圆弧插补的半径指令（R，I，K）	用半径值指令
X 轴方向的进给速度	半径变化/转　半径变化/分
X 轴的位置显示	用直径值显示

注 1：在本手册后面的说明中，没有特别指出直径或半径指定，当直径指定时，X 轴为直径值，当半径指定时，X 轴为半径值。

注 2：关于刀具补偿使用直径的意义，是指当刀具补偿量改变时，工件外径用直径值变化。如果不换刀具，补偿量改变 10mm，则切削工件外径的直径值改变 10mm。

注 3：关于刀具补偿使用半径的意义，是指刀具本身的长度。

2.1.5　模态和非模态

模态是指相应字段的值一经设置，以后一直有效直至某程序段又对该字段重新设置。模态的另一意义是设置之后，以后的程序段中若使用相同的功能，可以不必再输入该字段。

▲　例如下列程序：

G0 X100 Z100；（快速定位至 X100 Z100 处）

X20 Z30；（快速定位至 X20 Z30 处，G0 为模态指定，可省略不输）

G1 X50 Z50 F300；（直线插补至 X50 Z50 处，进给速度 300mm/min G0→G1）

X100；（直线插补至 X100 Z50 处，进给速度 300mm/min，G1、Z50、F300 均为模态指定，可省略不输）

G0 X0 Z0（快速定位至 X0 Z0 处）

初态是指系统上电后默认的编程状态。

▲　例如下列程序：

O0001

X100 Z100；（快速定位至 X100 Z100 处，G0 为系统初态）

G1 X0 Z0 F100（直线插补至 X0 Z0 处，每分进给，进给速度为 100mm/min，
G98 为系统上电初态）

　　非模态是指相应字段的值仅在书写了该代码的程序段中有效，下一程序段如再使用该字段的值必须重新指定。具体见表 2—4。

　▲　例如下列程序：

G0 X50 Z5；（快速定位至 X50 Z5 点）

G92 X40 Z−30 I10；（切削每英寸牙数为 10 的英制直螺纹，终点坐标为 X40
Z−30）

X39 I10；（切削每英寸数为 10 的英制直螺纹，终点坐标为 X39 Z−30，I 为非
模态指定需重新输入）

X38 I10；（切削每英寸牙数为 10 的英制直螺纹，终点坐标为 X38 Z−30，I 为
非模态指定需重新输入）

G0 X50 Z5；（快速定位至 X50 Z5 处）

表 2-4　模态与非模态

模态	模态 G 功能	一组可相互注销的 G 功能，这些功能一旦被执行，则一直有效，直到被同一组的 G 功能注销为止。
	模态 M 功能	一组可相互注销的 M 功能，这些功能在被同一组的另一个功能注销前一直有效。
非模态	非模态 G 功能	只在所规定的程序段中有效，程序段结束时被注销。
	非模态 M 功能	只在书写了该代码的程序段中有效。

2.2　准备功能：G 代码

　　准备功能 G 指令由 G 后一或二位数值组成，它用来规定刀具和工件的运动轨迹、坐标设定、刀具补偿偏置等多种加工操作。G 代码及功能表见表 2—5。

　　G 功能根据功能的不同分成若干组，有模态和非模态两种形式，其中 00 组的 G 功能为非模态 G 功能，其余组为模态 G 功能。

表 2-5　G 代码及功能表

G 代码	组　别	功　能
G00	01	定位（快速移动）
* G01		直线插补（切削进给）

续表

G 代码	组　别	功　能
G02	01	圆弧插补 CW（顺时针）
G03		圆弧插补 CCW（逆时针）
G04	00	暂停，准停
G28		返回参考点（机械原点）
G32	01	螺纹切削
G33	01	攻丝循环
G34	01	变螺距螺纹切削
＊G40	04	刀尖半径补偿（选配）
G41		
G42		
G50	00	坐标系设定
G65	00	宏程序命令
G70	00	精加工循环
G71		外圆粗车循环
G72		端面粗车循环
G73		封闭切削循环
G74		端面深孔加工循环
G75		外圆、内圆切槽循环
G76		复合型螺纹切削循环
G90	01	外圆、内圆车削循环
G92		螺纹切削循环
G94		端面切削循环
G96	02	恒线速开
G97		恒线速关
＊G98	03	每分进给
G99		每转进给

注 1：带有 ＊ 记号的 G 代码，当电源接通时，系统处于这个 G 代码的状态。

注 2：00 组的 G 代码是非模态 G 代码。

注 3：如果使用了 G 代码一览表中未列出的 G 代码，则出现报警（No. 010），或指令了不具有的选择功能的 G 代码，也报警。

注 4：在同一个程序段中可以指令几个不同组的 G 代码，如果在同一个程序段中指令了两个以上的同组 G 代码时，后一个 G 代码有效。

注 5：在恒线速控制下，可设定主轴最大转速（G50）。

注 6：G 代码分别用各组号表示。

注 7：G02、G03 的顺逆方向由坐标系方向决定。

2.2.1 工件坐标系设定 G50

指令格式： G50 X（U）_ Z（W）_ ；

指令意义： 根据此指令，系统建立一个工件坐标系，使当前刀架上的刀尖位置在此坐标系中的坐标为（x，z），这一点被称为程序零点。执行该指令，刀架不产生运动。执行回程序零点操作时，返回该位置。工件坐标系也称为零件坐标系，该坐标系一旦建立，程序中绝对值指令的位置都表示在该坐标系中的位置，除非被新的 G50 指令改变。

指令地址：

X：当前位置新的 X 轴绝对坐标；

U：当前位置新的 X 轴绝对坐标与执行指令前的绝对坐标之差；

Z：当前位置新的 Z 轴绝对坐标；

W：当前位置新的 Z 轴绝对坐标与执行指令前的绝对坐标之差。

指令示例：

▲ 程序（直径编程）

G50 X100.0 Z150.0 ；

程序示例图见图 2-9。

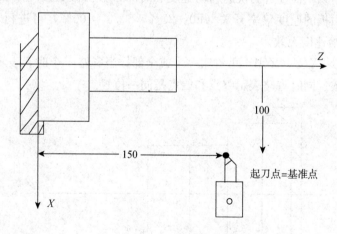

图 2-9 G50 指令例图

如图 2-9 所示，把转塔的某一基准点与起刀点重合，在程序的开头，用 G50 设定坐标系。这样，如果用绝对值指令，基准点就会移到指令的位置上。为使刀尖移动到被指令的位置上，基准点和刀尖位置的差用刀具补偿功能进行补偿。

注 1：在补偿状态，如果用 G50 设定坐标系，那么补偿前的位置是用 G50 设定的坐标系中的位置。

注 2：当以直径编程时，X、U 值表示的是直径值，以半径编程时，表示的是半径值。

2.2.2　进给控制指令

2.2.2.1　快速定位指令 G00

指令格式：G00 X（U）_Z（W）_；

指令意义：在工件坐标系中 X、Z 轴分别以各自的快速移动速度移动刀具到达指令指定的终点位置（绝对坐标指定或是相对坐标指定）。

指令地址：

X：终点位置在 X 轴方向的绝对坐标值，其取值范围是：$-9\ 999.999$mm～$+9\ 999.999$mm；

Z：终点位置在 Z 轴方向的绝对坐标值，其取值范围是：$-9\ 999.999$mm～$+9\ 999.999$mm；

U：终点位置相对起点位置在 X 轴方向的坐标值，其取值范围是：$-9\ 999.999$mm～$+9\ 999.999$mm；

W：终点位置相对起点位置在 Z 轴方向的坐标值，其取值范围是：$-9\ 999.999$mm～$+9\ 999.999$mm。

指令说明：

◇ 在执行 G00 指令时 X、Z 轴以各自独立的速度移动，不能保证各轴同时到达终点，X、Z 轴的合成轨迹不一定是直线（编程时应注意），如图 2-10 所示。

◇ G00 中 X、Z 轴各自的快速移动速度和时间常数由参数№.（022～025）设定，速度通过操作面板的速度倍率开关（F0，25％，50％，100％）可进行 4 级速度调节。用 F 指定的进给速度无效。

◇ 指令地址 $X(U)$、$Z(W)$ 可省略一个或全部，当省略一个时，表示该轴的起点和终点坐标值一致；同时省略表示终点和始点是同一位置。

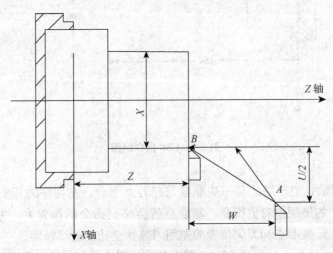

图 2-10　G00 指令轨迹图

指令示例：

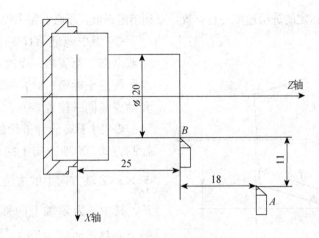

图 2-11　G00 编程例图

▲　程序（直径编程）：

G00 X20 Z25；（绝对编程）

G00 U−22 W−18；（相对编程）

2.2.2.2　直线插补指令 G01

指令格式：G01 X（U）_　 Z（W）_　　 F_；

指令意义：刀具从当前位置以 F 指定的合成进给速度移动到 X（U）、Z（W）指定的位置，轨迹为从当前点到指定点的连线。可通过操作面板的进给倍率按钮进行进给速度的 16 级修调。

指令地址：

X：终点位置在 X 轴方向的绝对坐标值，其取值范围是：−9 999.999mm～+9 999.999mm；

Z：终点位置在 Z 轴方向的绝对坐标值，其取值范围是：−9 999.999mm～+9 999.999mm；

U：终点位置相对起点位置在 X 轴方向的坐标值，其取值范围是：−9 999.999mm～+9 999.999mm；

W：终点位置相对起点位置在 Z 轴方向的坐标值，其取值范围是：−9 999.999mm～+9 999.999mm；

F：X、Z 轴的合成进给速度，实际的切削进给速度为进给倍率与 F 指令值的乘积。其取值范围是与 G98 还是 G99 状态有关，具体如表 2-6 所示：

表 2-6

	G98（毫米/分钟）	G99（毫米/转）
取值范围	1～8 000	0.000 1～500

指令说明：

◇ 由 F 代码指定的进给速度一直有效，直到指定新值，不必对每个程序段都指定 F；

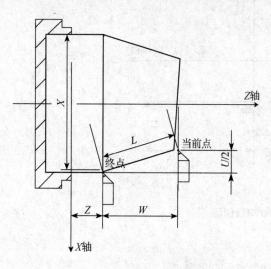

图 2-12　G01 指令轨迹图

◇ 指令地址 $X(U)$、$Z(W)$ 可省略一个或全部，当省略一个时，表示该轴的起点和终点坐标值一致；同时省略表示终点和始点是同一位置。

◇ 对于每分钟进给的两坐标轴同时控制方式，X 轴方向上的进给速度 $F_X = \dfrac{\beta}{L} \times F$，$Z$ 轴方向上的进给速度 $F_Z = \dfrac{a}{L} \times F$，其中 a 为 Z 轴上的移动增量，β 为 X 轴上的移动增量，$L = \sqrt{a^2 + \beta^2}$；

◇ G01 指令刀具以联动的方式按 F 规定的合成进给速度从当前位置按线性路线（联动直线轴的合成轨迹为直线）移动到程序段指令的终点，如图 2-12 所示。

指令示例：

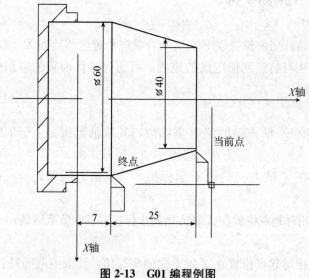

图 2-13　G01 编程例图

▲　程序（直径编程）：

G01 X60.0 Z7.0 F100；　　　（绝对值编程）

G01 U20.0 W-18.0；　　　　（相对值编程）

2.2.2.3　圆弧插补指令 G02/G03

指令格式：

$$\begin{Bmatrix} G02 \\ G03 \end{Bmatrix} X\,(U)\,\_\,Z\,(W)\,\_\begin{Bmatrix} R\,\_ \\ I\,\_\,K\,\_ \end{Bmatrix} F\,\_\,;$$

指令意义：刀具沿 X、Z 两轴同时从起点位置（当前程序段运行前的位置）以 R 指定的值为半径或以 I、K 值确定的圆心顺时针（G02）/逆时针（G03）圆弧插补至 $X(U)$、$Z(W)$ 指定的终点位置。

指令地址：

G02：顺时针圆弧插补，见图 2-14A；

G03：逆时针圆弧插补，见图 2-14B；

X：终点位置在 X 轴方向的绝对坐标值，其取值范围是：−9 999.999mm～＋9 999.999mm；

Z：终点位置在 Z 轴方向的绝对坐标值，其取值范围是：−9 999.999mm～＋9 999.999mm；

U：终点位置相对起点位置在 X 轴方向的坐标值，其取值范围是：−9 999.999mm～＋9 999.999mm；

W：终点位置相对起点位置在 Z 轴方向的坐标值，其取值范围是：−9 999.999mm～＋9 999.999mm；

I：圆心相对圆弧起点在 X 轴上的坐标值，其取值范围是：−9 999.999mm～＋9 999.999mm；

K：圆心相对圆弧起点在 Z 轴上的坐标值，其取值范围是：−9 999.999mm～＋9 999.999mm；

R：圆弧半径；

F：沿圆周运动的切线速度，其取值范围是：1～15 000mm/min，其速度合成图见本手册 3.6 节进给功能 F 代码。

指令轨迹：

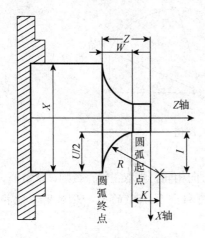 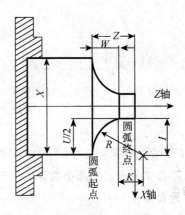

图 2-14A　G02 轨迹图　　　　　图 2-14B　G03 轨迹图

指令说明：

◇ 顺时针或逆时针是从垂直于圆弧所在平面的坐标轴的正方向看到的回转方向，它是与采用前刀座坐标系还是后刀座坐标系有关的，如图 2-15 所示。

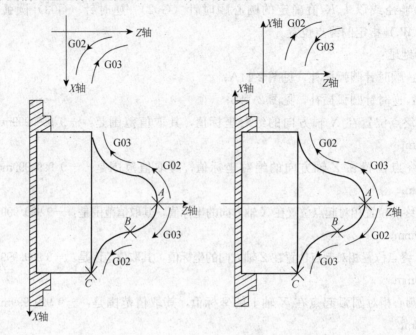

图 2-15　圆弧方向的确定

◇ 圆弧中心用地址 I、K 指定时，其分别对应于 X, Z 轴。I、K 表示从圆弧起点到圆心的矢量分量，是增量值：

I ＝圆心坐标，X 为圆弧起始点的 X 坐标；

K ＝圆心坐标，Z 为圆弧起始点的 Z 坐标；

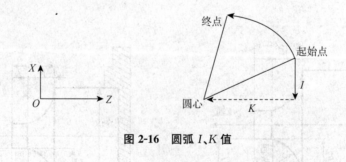

图 2-16　圆弧 I、K 值

I、K 根据方向带有符号，I、K 方向与 X、Z 轴方向相同，则取正值；否则，取负值。

注：若可画出以下两个圆弧，大于 $180°$ 的圆和小于 $180°$ 的圆，此时则不能指定大于 $180°$ 的圆弧。

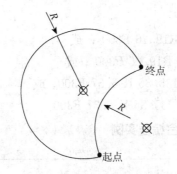

图 2-17 不能指定大于 180° 的圆弧

◇ 指令格式中地址 I、K 或 R 必须至少指定一个，否则系统产生报警；

◇ 地址 $X(U)$、$Z(W)$ 可省略一个或全部，当省略一个时，表示省略的该轴的起点和终点一致；同时省略表示终点和始点是同一位置；

◇ 当 $X(U)$、$Z(W)$ 同时省略时，若用 I、K 指令圆心时，表示全圆；用 R 指定时，表示 0 度的圆；

◇ 整圆编程时不可以使用 R，只能用 I、K；

◇ I、K 和 R 同时指令时，R 有效，I、K 无效；

◇ 当 $I = 0$、$K = 0$ 时，可以省略；

◇ 刀具实际移动速度相对于指令速度的误差范围是 $\pm 2\%$，指令速度是刀具沿补偿后的圆弧移动的速度；

◇ 建议使用 R 编程。当使用 I、K 编程时，为了保证圆弧运动的始点和终点与指定值一致，系统按半径 $R = \sqrt{I^2 + K^2}$ 运动；

◇ 若使用 I、K 值进行编程，若圆心到圆弧终点的距离不等于 R（$R = \sqrt{I^2 + K^2}$），系统会自动调整圆心位置保证圆弧运动的始点和终点与指定值一致，如果圆弧的始点与终点间距离大于 $2R$，系统报警。

指令示例：

用 G02 指令编写图 2-18 程序。

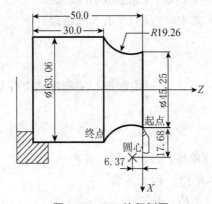

图 2-18 G02 编程例图

▲　程序（直径编程）

G02 X63.06 Z-20.0 R19.26 F300 ；或

G02 U17.81 W-20.0 R19.26 F300 ；或

G02 X63.06 Z-20.0 I35.36 K-6.37 F300；或

G02 U17.81 W-20.0 I35.36 K-6.37 F300。

2.2.2.4 进给控制指令综合编程实例

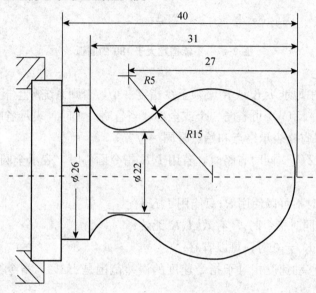

图 2-19　进给控制指令编程实例

▲　程序（直径编程）

N001 G0 X40 Z5　　　　　　（刀尖定位到 $X=40$、$Z=5$ 的坐标点）

N002 M03 S200　　　　　　（主轴以 200r/min 旋转）

N003 G00 X0

N004 G01 Z0 F100

N005 G03 U24 W−24 R15　（加工 R 15 圆弧段）

N006 G02 X26 Z−31 R5　　（加工 R 5 圆弧段）

N007 G01 Z−40

N008 X40 Z5

N009 M30　　　　　　　　（主轴停、主程序结束并复位）

2.2.3　暂停指令 G04

指令格式：G04 P_ ；（单位：0.001 秒）或者

　　　　　G04 X_ ；（单位：秒）或者

　　　　　G04 U_ ；（单位：秒）

指令意义：利用暂停指令，可以推迟下个程序段的执行，推迟时间为指令的时间。指令范围从 0.001 到 99 999.999 秒。

单位如表 2-7 所示：

表 2-7

地址	P	U	X
单位	0.001 秒	秒	秒

注 1：如果省略了 P、X，指令则可看做准确停（无期限延时）。

注 2：如果 P、X、U 同时出现，P 有效。

注 3：如果 X、U 同时出现，X 有效。

2.2.4　螺纹加工指令

2.2.4.1　螺纹切削指令 G32

指令格式：G32 X（U）_ Z（W）_ F(I)_ J _ K _ ；

指令意义：刀具沿 X、Z 轴同时从起点位置（当前程序段运行前的位置）到程序段指定的终点位置 $X(U)$、$Z(W)$ 进行螺纹切削加工。用此指令可以切削等导程的直螺纹、锥螺纹和端面螺纹。切削时，可以设定退刀。

指令地址：

X：终点位置在 X 轴方向的绝对坐标值，其取值范围是：－9 999.999mm～＋9 999.999mm；

Z：终点位置在 Z 轴方向的绝对坐标值，其取值范围是：－9 999.999mm～＋9 999.999mm；

U：终点位置相对起点位置在 X 轴方向的坐标值，其取值范围是：－9 999.999mm～＋9 999.999mm；

W：终点位置相对起点位置在 Z 轴方向的坐标值，其取值范围是：－9 999.999mm～＋9 999.999mm；

F：公制螺纹螺距，即主轴每转一圈刀具在长轴方向的进给量，取值范围是 0.001～500.00mm，模态参数；

I：英制螺纹每英寸牙数，取值范围是 0.06～25 400 牙/英寸，模态参数。

J：螺纹退尾时在短轴方向的移动量（退尾量），单位：mm，带方向（即正负）；如果短轴是 X 轴，该值为半径指定；J 值不是模态参数。

K：螺纹退尾时在长轴方向的退尾起点，单位：mm，如果长轴是 X 轴，则该值为半径指定；不带方向；K 值不是模态参数。

指令轨迹：

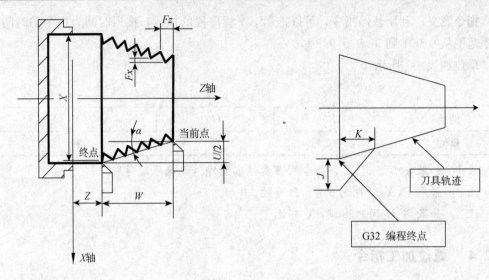

图 2-20　G32 轨迹图

指令说明：

◇ 省略 J 时，系统无退尾；

◇ 省略 K 时，系统默认 K 等于 J（且 K 不带方向）；

◇ 起点和终点的 X 坐标值相同、不输入 X 或 U 或 U 输入 0 时，加工直螺纹；起点和终点的 Z 坐标值相同、不输入 Z 或 W 或 W 输入 0 时，加工端面螺纹；起点和终点 X、Z 坐标值都不相同时，加工锥螺纹；

◇ 加工螺纹时，从粗车到精车，对同一轨迹要进行多次螺纹切削，因为螺纹切削是在检测出主轴位置编码器的一转信号后才开始，即使进行多次螺纹切削，工件上的切削点保持为同一点，加工时的螺纹轨迹也相同。因此从粗车到精车，主轴转速必须恒定，当主轴转速变化时，螺纹会或多或少产生偏差；

◇ 螺纹的螺距指长轴方向，通常为半径指定；

◇ 可进行连续螺纹加工；

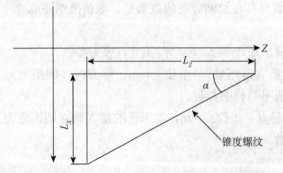

如 $\alpha \leqslant 45°$，z 轴为长轴，螺距是 L_z
如 $\alpha > 45°$，x 轴为长轴，螺距是 L_x

图 2-21　螺纹螺距

◇ 在螺纹切削开始及结束部分，一般由于升降速的原因，会出现螺距不正确部分，考虑此因素影响，在实际螺纹起点前留出一个引入长度 δ_1，在实际螺纹终点后留出一个引出长度（通常称为退刀槽）δ_2，因此编程的螺纹长度比实际的螺纹长度要长；

◇ 在切削螺纹过程中，进给速度倍率无效，恒定在 100%；

◇ 在螺纹切削过程中，主轴不能停止，进给保持在螺纹切削中无效。在执行螺纹切削状态之后的第一个非螺纹切削程序段后面，用单程序段来停止；

◇ 在进入螺纹切削状态后的一个非螺纹切削程序段时，如果再按了一次进给保持键（或持续按着）则在非螺纹切削程序段中停止；

◇ 若前一个程序段为螺纹切削程序段，当前程序段也为螺纹切削，在切削开始时不检测主轴位置编码器的一转信号；

◇ 在螺纹切削前的程序段可指定倒角，但不能是圆角 R，在螺纹切削程序段中不能指定倒角和圆角 R；

◇ 在螺纹切削过程中主轴倍率有效，如果改变主轴倍率，会因为升降速影响等因素导致不能切出正确的螺纹，因此，在螺纹切削时不要进行主轴转速调整；

◇ 系统复位、急停或驱动报警时，螺纹切削立即停止，但工件报废。

指令示例 1：用 G32 指令编写图 2-22 程序，螺纹螺距：4mm。

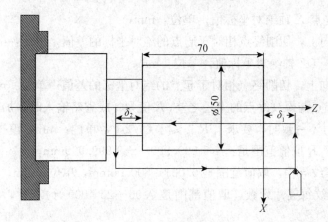

图 2-22 直螺纹加工

▲ 程序：

取 $\delta_1 = 3$mm，$\delta_2 = 1.5$mm，总切深 1mm（单边），分两次切入。

G00X49 Z3；（第一次切入 1mm）

G32 W-74.5 F4.0 J1.5 ；

G00X55；

W74.5；

X48；（第二次再切入 1mm）

G32 W-74.5 F4.0；

G00X55；

W74.5；

2.2.4.2　螺纹切削循环 G92

指令格式：G92 X（U）＿ Z（W）＿ R_F(I)_J_K_L_ ;

指令意义：执行该指令时，刀具从当前位置（起点位置）按图 2-23A、图 2-23B 中 1→2→3→4 的轨迹进行螺纹循环加工，循环完毕刀具回起点位置。用此指令可以切削直螺纹、锥螺纹、多头螺纹。在增量编程中地址 U 后面的数值的符号取决于轨迹 1 的 X 方向，地址 W 后面的数值的符号取决于轨迹 2 的 Z 方向。图 3-23A、图 3-23B 中虚线（R）表示快速移动，实线（F）表示切削进给。

相关概念：

▲ 起点（终点）：程序段开始运行的位置和完成单一固定循环后的位置，起点和终点是同一个点，在图 3-23A 中表示为 A 点；

▲ 切削起点：该单一固定循环中开始进行螺纹加工的位置，在图 2-23A 中表示为 B 点；

▲ 切削终点：该单一固定循环中完成螺纹加工的位置，在图 2-23A 中表示为 C 点；

指令地址：

X：切削终点 X 轴绝对坐标值，单位：mm；

U：X 轴方向上，切削终点相对于起点的绝对坐标的差值，单位：mm；

Z：切削终点 Z 轴绝对坐标值，单位：mm；

W：Z 轴方向上，切削终点相对于起点的绝对坐标的差值，单位：mm；

R：螺纹起点与螺纹终点的半径之差，R 值为 0 或省略输入时，加工直螺纹，但当 R 值与 U 值符号不一致时，要求 $|R| \leqslant |U/2|$，单位：mm，模态指定；

X、U、Z、W、R 取值范围是：$-9\,999.999 \sim +9\,999.999$mm；

F：公制螺纹导程，取值范围是 $0.001 \sim 500.00$mm，单位：mm，模态指定；

I：英制螺纹每英寸牙数，取值范围是 $0.06 \sim 25\,4000$ 牙/英寸，单位：牙/英寸，模态指定；

J：螺纹退尾时在短轴方向的移动量，单位：mm，不带方向（根据循环自动确定退尾方向），如果短轴是 X 轴，则该值为半径指定，模态参数；

K：螺纹退尾时在长轴方向的起点，单位：mm，（如果长轴是 X 轴，则该值为半径指定）。不带方向，模态参数；

L：多头螺纹的头数，该值的范围是：$1 \sim 99$，模态参数。（省略 L 时默认为 1 头）。

指令轨迹：

直螺纹指令加工轨迹见图 2-23A；

锥螺纹指令加工轨迹见图 2-23B。

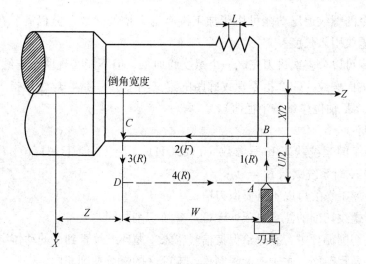

图 2-23A　直螺纹加工轨迹

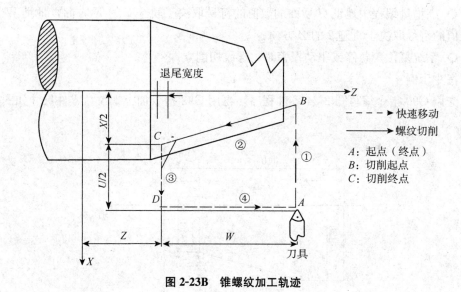

图 2-23B　锥螺纹加工轨迹

循环过程：（以图 2-23A 为例）

① X 轴从起点快速移动到切削起点；

② 从切削起点螺纹插补到切削终点；

③ X 轴以快速移动速度退刀（与①方向相反），返回到 X 轴绝对坐标与起点相同处；

④ Z 轴快速移动返回到起点，循环结束。

G92 为模态指令，指令的起点和终点相同，径向（X 轴）进刀、轴向（Z 轴或 X、Z 轴同时）切削，实现等螺距的直螺纹、锥螺纹切削循环。执行 G92 指令，在螺纹加工结束前有螺纹退尾过程：在距离螺纹切削终点固定长度（称为螺纹的退尾长度）处，在 Z 轴继续进行螺纹插补的同时，X 轴沿退刀方向指数式加速退出，Z 轴到达切削终点后，X 轴再快速移动退刀（循环过程③）。

G92 指令的螺纹退尾功能可用于加工没有退刀槽的螺纹，但仍需要在实际的螺纹起点前留出螺纹引入长度。

G92 指令可以分多次进刀完成一个螺纹的加工，但不能实现两个连续螺纹的加工，也不能加工端面螺纹。G92 指令螺纹螺距的定义与 G32 一致，螺距是指主轴转一圈长轴的位移量（X 轴位移量按半径值）。

指令说明：

◇ 省略 J 时系统默认 19 号参数（THDCH），$J = THDCH * 1/10 *$ 导程；

◇ 省略 K 时系统默认 $K = J$；

◇ G92 加工螺纹可以不需要退刀槽；

◇ 关于螺纹切削的注意事项，与 G32 螺纹切削相同。

◇ 螺纹切削循环中若有进给保持信号输入，循环继续直到 2 的动作结束；

◇ 螺纹导程范围、主轴速度限制等，与 G32 的螺纹切削相同；

◇ 在单段方式时，1、2、3 和 4 的动作单段有效；

◇ 在增量编程中地址 U 后面的数值的符号取决于轨迹 1 的 X 方向，地址 W 后面的数值的符号取决于轨迹 2 的 Z 方向；

◇ 系统复位、急停或驱动报警时，螺纹切削立即停止。

指令示例：

先用 G90 指令编写图 2-24 零件程序，再用 G92 指令加工螺纹。零件尺寸如图 3-26 所示。

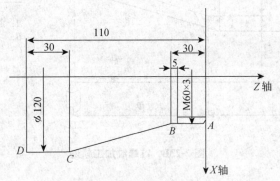

图 2-24　G92 指令加工图

▲　程序：

O0001；

M3 S300；

G0 X150 Z150；

T0101；

G0 X130 Z115；

G90 X120 Z0 F200；（$C \rightarrow D$）

G90 X60 Z80；（$A \rightarrow B$）

G0 X130 Z80；

G90 X120 Z30 R－30 F150；（$B \to C$）

G0 X150 Z150；

T0202；

G0 X65 Z115；

G92 X58.5 Z85 F3；（加工螺纹，分 4 刀切削）

X57.5；

X56.5；

X56；

M5 S0；

M30；

2.2.4.3　复合型螺纹切削循环 G76

指令格式： G76 P（*m*）（*r*）（*α*）Q（$\triangle d_{min}$）R（*d*）；

　　　　　　G76 X（*U*）_ Z（*W*）_ R（*i*）P（*k*）Q（$\triangle d$）F（*I*）_ ；

指令意义： G76 指令根据地址参数所给的数据，自动地计算中间点坐标，控制刀具进行多次螺纹切削循环直至到达编程尺寸。G76 指令可加工带螺纹退尾的直螺纹和锥螺纹，可实现单侧刀刃螺纹切削，吃刀量逐渐减少，有利于保护刀具、提高螺纹精度。G76 指令不能加工端面螺纹。

指令轨迹：

指令运行轨迹见图 2-25：

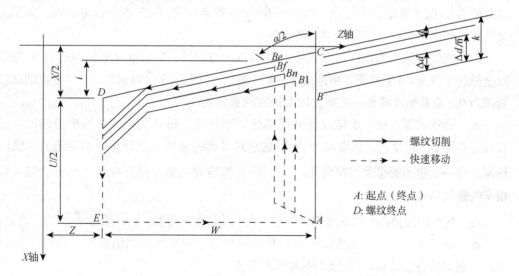

图 2-25　G76 指令运行轨迹

G76 指令刀具切入方法的详细情况见图 2-26：

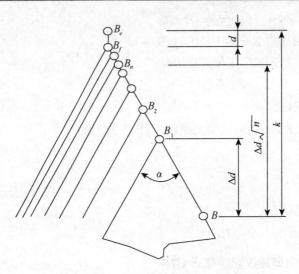

图 2-26　切入方法的详细情况

相关概念：

▲　循环起点（循环终点）：对于复合型螺纹加工指令 G76，每次循环都是从循环起点开始程序加工，完成循环后，回到循环终点。循环的起点和终点是同一个点，在图 2-25 中表示为 A 点；

▲　螺纹终点：由 $X(U)$ __ $Z(W)$ __定义的螺纹切削终点。如果有螺纹退尾，切削时不会到达这一点。图 3-25 中表示为 D 点；

▲　螺纹起点：其 Z 轴绝对坐标与 A 点相同；X 轴绝对坐标与 D 点 X 轴绝对坐标的差值为 i（螺纹锥度、半径值，由地址 $R(i)$ 指定），图 2-25 中表示为 C 点。如果定义的螺纹角度不为 $0°$，切削时并不能到达 C 点；

▲　螺纹切深参考点：其 Z 轴绝对坐标与 A 点相同；X 轴绝对坐标与 C 点 X 轴绝对坐标的差值为 k（半径值，由地址 $P(k)$ 指定），图 2-25 中表示为 B 点。B 点的螺纹切深为 0，是系统计算每一次螺纹切削深度的参考点；

▲　螺纹切深：每一次螺纹切削循环的切削深度。每一次螺纹切削轨迹的反向延伸线与直线 BC 的交点，该点与 B 点 X 轴绝对坐标的差值（无符号、半径值）为螺纹切深。每一次粗车的螺纹切深为 $\sqrt{n} \times \triangle d$，$n$ 为当前的粗车循环次数，$\triangle d$ 为第一次粗车的螺纹切深；

▲　螺纹切削量：本次螺纹切深与上一次螺纹切深的差值：$(\sqrt{n} - \sqrt{n-1}) \times \triangle d$；

▲　退刀终点：每一次螺纹粗车循环、精车循环中螺纹切削结束后，径向（X 轴方向）退刀的终点位置，图 2-25 中表示为 E 点；

▲　螺纹切入点：每一次螺纹粗车循环、精车循环中实际开始螺纹切削的点，表示为 B_n 点（n 为切削循环次数），B_1 为第一次螺纹粗车切入点，B_f 为最后一次螺纹粗车切入点，B_e 为螺纹精车切入点。B_n 点相对于 B 点 X 轴和 Z 轴的位移符合公式：

$$\operatorname{tg} \frac{\alpha}{2} = \frac{|Z \text{轴位移}|}{|X \text{轴位移}|} \qquad （\alpha \text{为螺纹角度}）$$

指令地址：

X：螺纹终点的 X 轴绝对坐标值，单位：mm；

U：X 轴方向上，螺纹终点相对加工起点绝对坐标的差值，单位：mm；

Z：螺纹终点的 Z 轴绝对坐标值，单位：mm；

W：Z 轴方向上，螺纹终点相对加工起点绝对坐标的差值，单位：mm；

P (m) (r) (a)：

m：指定最后螺纹精加工重复次数，单位：次，其范围是 1～99。该值也可由参数（No. 057）设定。m 值指定后，在下次指定前保持有效，并将参数（No. 057）修改为当前指定值；若 m 指定缺省，则以系统参数（No. 057）的值作为精加工重复次数；

r：螺纹倒角量，即螺纹退尾宽度。单位：$0.1 \times L$（L 作为导程），其范围是 0.01～9.9L，以 $0.1L$ 为一挡，可以用 00～99 两位数值指定。该值也可由参数（No. 019）设定。r 值指定后，在下次指定前保持有效，并将参数（No. 019）修改为当前指定值；若 r 值指定缺省，则使用系统参数（No. 019）的值；该值对 G92 指令也有效；

α：刀尖的角度（螺纹牙的角度）。单位：度，其范围是 0°～99°。必须输入两位数指定。该值也可由参数（No. 058）设定，α 值指定后，在下次指定前保持有效。并将参数（No. 058）修改为当前指定值；若 α 值指定缺省，则使用参数（No. 058）的值。实际螺纹的角度由刀具角度决定，因此 α 应与刀具角度相同；

$Q(\triangle d_{\min})$：最小切入量。单位：0.001mm，无符号、半径值，其范围是 0～9 999 999。当一次切入量（$\sqrt{n} - \sqrt{n-1}$）$\times \triangle d$ 比 $\triangle d_{\min}$ 还小时，则用 $\triangle d_{\min}$ 作为一次切入量。该值也可由参数（No. 059）设定。$Q(\triangle d_{\min})$ 执行后，在下次指定前保持有效。并把参数（No. 059）修改为当前指定值。若缺省输入，则以系统参数（No. 059）为最小切入量。设置 $\triangle d_{\min}$ 是为了避免由于螺纹粗车切削量递减造成粗车切削量过小、粗车次数过多；

$R(d)$：精加工余量。单位：1mm，其范围是 0～9 999 999。改值也可由参数（No. 060）设定。$R(d)$ 执行后，在下次指定前保持有效。并将参数（No. 060）修改为当前指定值。若缺省输入，则以参数（No. 060）的值作为精加工余量；

$R(i)$：螺纹部分的半径差，即螺纹锥度。单位：mm，半径指定，当 $i = 0$ 或缺省输入时将进行直螺纹切削；

$P(k)$：螺纹牙高（X 轴方向的距离用半径值指令），单位：0.001mm，无符号。若缺省输入，系统将报警；

$Q(\triangle d)$：第一次切削深度，单位：0.001mm，半径值，无符号。若缺省输入，系统将报警；

F：螺纹导程，单位：mm，其范围是 0.001～500 mm；

I：每英寸牙数，单位：牙/英寸，其范围是 0.06～25400 牙/英寸。

循环过程：（以图 2-25 来说明）

① 1 从起点快速移动到 B_1，螺纹切深为 $\triangle d$。如果 $\alpha = 0$，仅移动 X 轴；如果 $\alpha \neq 0$，X 轴和 Z 轴同时移动，移动方向与 $A \rightarrow D$ 的方向相同；

② 沿平行于 $C \rightarrow D$ 的方向螺纹切削到与 $D \rightarrow E$ 相交处（$r \neq 0$ 时有退尾过程）；

③ X 轴快速移动到 E 点；

④ Z 轴快速移动到 A 点，单次粗车循环完成；

⑤ 再次快速移动进刀到 B_n（n 为粗车次数），切深取（$\sqrt{n} \times \triangle d$）、（$\sqrt{n-1} \times \triangle d + \triangle d_{min}$）中的较大值，如果切深小于（$k-d$），转②执行；如果切深大于或等于（$k-d$），按切深（$k-d$）进刀到 B_f 点，转⑥执行最后一次螺纹粗车；

⑥ 沿平行于 $C \rightarrow D$ 的方向螺纹切削到与 $D \rightarrow E$ 相交处（$r \neq 0$ 时有退尾过程）；

⑦ X 轴快速移动到 E 点；

⑧ Z 轴快速移动到 A 点，螺纹粗车循环完成，开始螺纹精车；

⑨ 快速移动到 B_e 点（螺纹切深为 k、切削量为 d）后，进行螺纹精车，最后返回 A 点，完成一次螺纹精车循环；

⑩ 如果精车循环次数小于 m，转⑨进行下一次精车循环，螺纹切深仍为 k，切削量为 0；如果精车循环次数等于 m，G76 复合螺纹加工循环结束。

指令说明：

◇ 关于切螺纹的注意事项，与 G32 切螺纹和用 G92 螺纹切削循环相同。

◇ 系统执行含有 $X(U)$、$Z(W)$ 指令字的 G76 指令才进行复合螺纹加工循环，仅有 G76 P $\underline{(m)}$ $\underline{(r)}$ $\underline{(\alpha)}$ Q $(\triangle d_{min})$ R $\underline{(d)}$；程序段不能完成复合螺纹加工循环。

◇ 循环加工中，刀具为单侧刃加工，刀尖的负载可以减轻。另外，第一次切入量为 $\triangle d$，第 N 次为 $\triangle d \sqrt{N}$，每次切削量是一定的。考虑各地址的符号，有四种加工图形，也可以加工内螺纹。在上图所示的螺纹切削中，只有 C、D 间用 F 指令的进给速度，其他为快速进给。

循环中，增量的符号按下列方法决定：

▲　U：由轨迹 A 到 C 方向决定；

▲　W：由轨迹 C 到 D 的方向决定；

▲　$R(i)$：由轨迹 A 到 C 的方向决定；

▲　$P(k)$：为正；

▲　$Q(\triangle d)$：为正；

◇ 螺纹倒角量的指定，对 G92 螺纹切削循环也有效；

◇ 在 G76 指令执行过程中，可使自动运行停止并手动移动，但要再次执行 G76 循环时，必须返回到手动移动前的位置。如果不返回就再次执行，后面的运行轨迹将错位；

◇ m,r,α 同用地址 P 一次指定，如：P010260 等效于 P10260；P000260 等效于 P260；当 $m=0$ 时，系统自动将精加工次数（No. 057 参数）设为 1 次，如果 P 输入负值，也按正值处理，如 P－010260 等效于 P010 260；

◇ 系统复位、急停或驱动报警时，螺纹切削立即停止，螺纹及刀具可能损坏。

指令示例：

用螺纹切削复合循环 G76 指令编程，加工螺纹为 M68×6，工件尺寸见图 2-27。

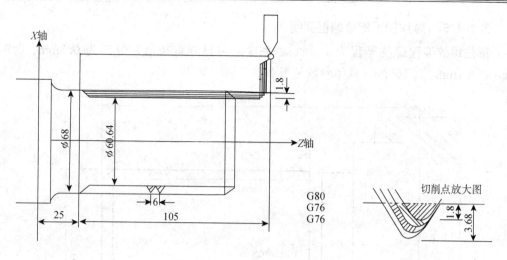

图 2-27 G76 循环切削编程实例

▲ 程序：

G0 X100 Z200；　　　　　　　　　（刀尖定位到 $X=100$，$Z=200$ 的坐标点）

M3 S300；　　　　　　　　　　　　（启动主轴，指定转速）

G00 X80 Z130；　　　　　　　　　　（快速定位到加工起点）

G76 P011060 Q100 R0.2；　　　　　（进行螺纹切削）

G76 X60.64 Z25 P3680 Q1800 F6.0；

G00 X100 Z200；　　　　　　　　　（返回程序起点）

M5 S0；　　　　　　　　　　　　　（停主轴）

M30；　　　　　　　　　　　　　　（程序结束）

2.2.4.4 螺纹加工说明

① 请按编程格式编程。

② 如果程序中 F、I 同时出现，程序按 F 执行，忽略 I。

③ 螺纹加工指令在做切削进给运动时包括加速运动、恒速运动及减速运动三个阶段，加速和减速阶段会造成螺纹起始和结束段螺距减少，因此在编写零件程序时，螺纹起始和结束段须让出一定的距离，下表列出了几组典型值。

④ 对于设置退尾的螺纹加工指令，退尾时在长轴方向的起点距离 K 也必须大于下表的尾部最小距离。

⑤ 起始和结束段的出让最小距离与三个参数有关：

▲ 加速特性选择参数 THDA（参数号No. 175 的 BIT4）：线性加速比指数加速的出让最小距离更短。

▲ 切削进给加减速时间常数（参数号No. 029）越大，起始和结束段的出让最小距离越长。

▲ 螺纹切削进给低速下限（参数号No. 028）越大，起始和结束段的出让最小距离越短。

2.2.4.5　螺纹加工指令编程实例

圆柱螺纹编程螺纹导程为 1.5mm，每次吃刀量（直径值）分别为 0.8mm、0.6mm、0.4mm、0.16mm，具体参数见图 2-28。

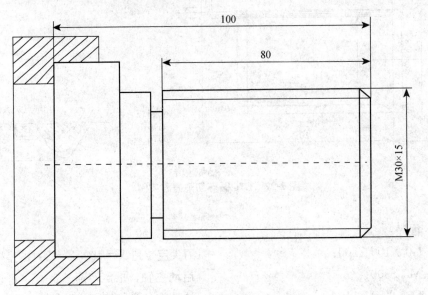

图 2-28　螺纹加工指令编程实例

▲　程序如下：

N0001 G0 X50 Z120	（刀尖定位到 $X=50$，$Z=120$ 的坐标点）
N0002 M03 S400	（主轴以 400r/min 旋转）
N0003 G00 X29.2 Z101.5	（到螺纹起点，吃刀深 0.8mm）
N0004 G32 Z19 F1.5	（切削螺纹刀螺纹切削终点）
N0005 G00 X40	（X 轴方向快退）
N0006 Z101.5	（Z 轴方向快退到螺纹起点处）
N0007 X28.6	（X 轴方向快进到螺纹起点处，吃刀深 0.6mm）
N0008 G32 Z19 F1.5	（切削螺纹刀螺纹切削终点）
N0009 G00 X40	（X 轴方向快退）
N0010 Z101.5	（Z 轴方向快退到螺纹起点处）
N0011 X28.2	（X 轴方向快进到螺纹起点处，吃刀深 0.4mm）
N0012 G32 Z19 F1.5	（切削螺纹刀螺纹切削终点）
N0013 G00 X40	（X 轴方向快退）
N0014 Z101.5	（Z 轴方向快退到螺纹起点处）
N0015 U-11.96	（X 轴方向快进到螺纹起点处，吃刀深 0.16mm）
N0016 G32 W-82.5 F1.5	（切削螺纹刀螺纹切削终点）
N0017 G00 X40	（X 轴方向快退）
N0018 X50 Z120	（回对刀点）

N0019 M05　　　　　　　　　（主轴停）

N0020 M30　　　　　　　　　（主程序结束并复位）

2.2.5　单一型固定循环指令

在有些特殊的粗车加工中，由于切削量大，同一加工路线要反复切削多次，此时可利用固定循环功能，用一个程序段可实现通常由 3～10 个程序段指令才能完成的加工路线。并且在重复切削时，只须改变数值。这个固定循环对简化程序非常有效。单一型固定循环指令有外（内）圆切削循环 G90、螺纹切削循环 G92 和端面切削循环 G94。其中 G92 指令已在螺纹加工中做了介绍。

在下面的说明图中，是用直径指定的。当半径指定时，用 $U/2$ 替代 U、$X/2$ 替代 X。

2.2.5.1　外（内）圆切削循环 G90

指令格式：G90 X（U）＿ Z（W）＿ R＿F＿；

指令意义：执行该指令时，刀具从当前位置（起点位置）按图 2-29A、图 2-29B 中 1→2→3→4 的轨迹进行圆柱面、圆锥面的单一循环加工，循环完毕刀具回起点位置。其中虚线（R）表示快速移动，实线（F）表示切削进给。在增量编程中地址 U 后面的数值的符号取决于轨迹 1 的 X 方向，地址 W 后面的数值的符号取决于轨迹 2 的 Z 方向。

相关概念：

▲　起点（终点）：程序段开始运行的位置和完成单一固定循环后的位置，起点和终点是同一个点，在图 2-29A 中表示为 A 点；

▲　切削起点：该单一固定循环中开始进行切削进给的位置，在图 2-29A 中表示为 B 点；

▲　切削终点：该单一固定循环中完成切削进给的位置，在图 2-29A 中表示为 C 点。

指令地址：

X：切削终点 X 轴绝对坐标值，单位：mm；

U：X 轴方向上，切削终点相对于起点绝对坐标的差值，单位：mm；

Z：切削终点 Z 轴绝对坐标值，单位：mm；

W：Z 轴方向上，切削终点相对于起点绝对坐标的差值，单位：mm；

R：切削起点与切削终点的半径之差（半径值）。$R=0$ 或缺省输入时，进行圆柱切削，如图 2-29A，否则进行圆锥切削，如图 2-29B；当 R 与 U 的符号不一致时，要求 $|R| \leqslant |U/2|$，单位：mm；

F：循环进给速度。

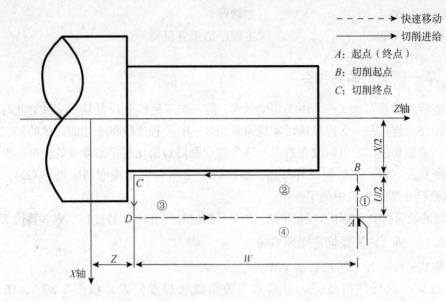

图 2-29A　直螺纹 G90 加工轨迹

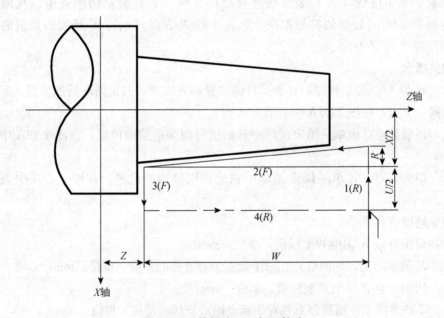

图 2-29B　锥螺纹 G90 加工轨迹

循环过程：

① X 轴从起点快速移动到切削起点；

② 从切削起点直线插补（切削进给）到切削终点；

③ X 轴以切削进给速度退刀（与①方向相反），返回到 X 轴绝对坐标与起点相同处；

④ Z 轴快速移动返回到起点，循环结束。

指令轨迹：

图 2-30 分别为不同的 U、W 和 R 值时指令运行的轨迹图：

(1) $U>0$，$W<0$（$R>0$）　　　　(2) $U<0$，$W<0$（$R<0$）

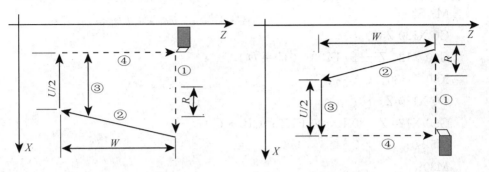

(3) $U>0$，$W>0$（$R<0$、$|R|\leqslant|U/2|$）4) $U<0$，$W>0$（$R>0$、$|R|\leqslant|U/2|$）

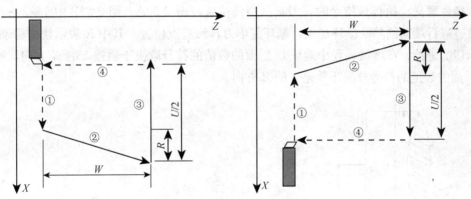

图 2-30　G90 指令运行轨迹

指令说明：

◇　在增量编程中地址 U 后面的数值的符号取决于轨迹 1 的 X 方向，地址 W 后面的数值的符号取决于轨迹 2 的 Z 方向；

◇　在单段方式时，1、2、3 和 4 的动作单段有效。

指令示例：

用 G90 指令编写图 2-31 零件程序，零件尺寸如图 2-31 所示。

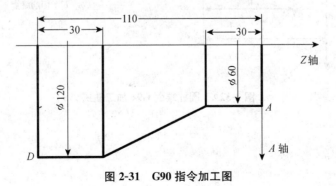

图 2-31　G90 指令加工图

▲ 程序：

O0001；

M3 S300；

G0 X130 Z5；

G90 X120 Z—110 F200；（C → D）

X60 Z—30；（A → B）

G0 X130 Z—80；

G90 X120 Z—80 R—30 F150；（B → C）

M5 S0；

M30；

2.2.5.2　端面切削循环 G94

指令格式：G94 X（U）_ Z（W）_ R_F_；

指令意义：执行该指令时，刀具从当前位置按图 2-32A、图 2-32B 中 1→2→3→4 的轨迹进行端面的单一循环加工，循环完毕刀具回起点位置。其中 R 表示快速移动，F 表示切削进给。在增量编程中地址 U 后面的数值的符号取决于轨迹 1 的 X 方向，地址 W 后面的数值的符号取决于轨迹 2 的 Z 方向。

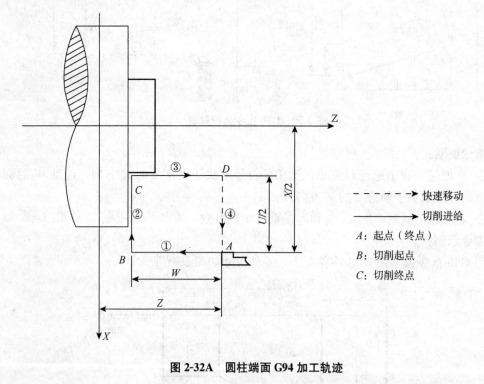

图 2-32A　圆柱端面 G94 加工轨迹

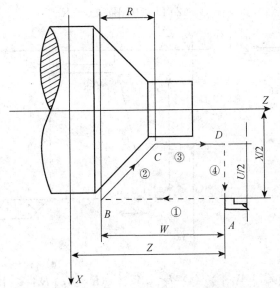

图 2-32B 圆锥端面 G94 加工轨迹

相关概念:

▲ 起点（终点）：程序段开始运行的位置和完成单一固定循环后的位置，起点和终点是同一个点，在图 3-34A 中表示为 A 点；

▲ 切削起点：该单一固定循环中开始进行切削进给的位置，在图 2-32A 中表示为 B 点；

▲ 切削终点：该单一固定循环中完成切削进给的位置，在图 2-32A 中表示为 C 点。

指令地址:

X：切削终点 X 轴绝对坐标值，单位：mm；

U：X 轴方向上，切削终点相对于起点绝对坐标的差值，单位：mm；

Z：切削终点 Z 轴绝对坐标值，单位：mm；

W：Z 轴方向上，切削终点相对于起点绝对坐标的差值，单位：mm；

R：切削起点与切削终点的 Z 轴坐标之差，当 R 与 U 的符号不同时，要求 $\mid R \mid \leqslant \mid W \mid$，单位：mm；

X、U、Z、W、R 取值范围是：$-9\,999.999$mm～$+9\,999.999$mm；

F：循环进给速度。

循环过程:

① Z 轴从起点快速移动到切削起点；

② 从切削起点直线插补（切削进给）到切削终点；

③ Z 轴以切削进给速度退刀（与①方向相反），返回到 Z 轴绝对坐标与起点相同处；

④ X 轴快速移动返回到起点，循环结束。

指令轨迹:

不同的 U、W 和 R 值，指令的运行轨迹如图 2-33 所示：

(1) $U>0, W<0$ ($R<0$)　　　　　(2) $U<0, W<0$ ($R<0$)

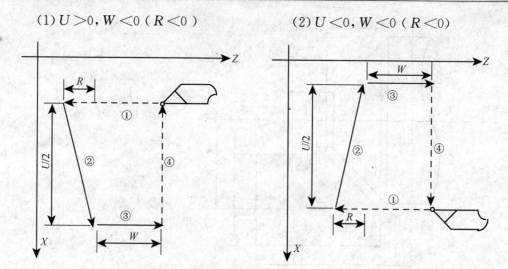

(3) $U>0, W>0$($R<0$, $|R| \leqslant |W|$)　(4) $U<0, W>0$($R<0$, $|R| \leqslant |W|$)

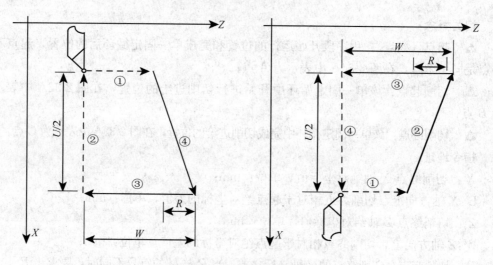

图 2-33　G94 指令运行轨迹

指令说明：

◇ 在增量编程中地址 U 后面的数值的符号取决于轨迹 1 的 X 方向，地址 W 后面的数值的符号取决于轨迹 2 的 Z 方向；

◇ 在单段方式时，1、2、3 和 4 的动作单段有效。

指令示例：

用 G94 指令编写图 2-31 零件程序，零件尺寸如图 2-31 所示。

▲　程序：

O0002；

M3 S1；

G0 X130 Z5；

G94 X120 Z0 F100；（$D \to C$）

G0 X120 Z－110；

G90 X60 Z－30 R－50；（$A \to B \to C$）

M5 S0；

M30；

2.2.5.3　单一型固定循环指令的注意事项

（1）在单一型固定循环中，数据 $X(U)$、$Z(W)$、R 都是模态值，当没有指定新的 $X(U)$，$Z(W)$，R 时，前面指令的数据均有效；

（2）在单一型固定循环中，对于 $X(U)$、$Z(W)$、R 的数据，当指令了 G04 以外的非模态 G 代码或 G90、G92 或 G94 以外的 01 组的代码时，被清除；

（3）在固定循环的程序段后面只有 EOB（；）的程序段时，则重复此固定循环；

（4）用录入方式指令单一型固定循环时，当此程序段结束后，只启动按钮，不执行前面同样的固定循环，除非重新输入后启动；

（5）在固定循环状态中，如果指令了 M、S、T，那么，固定循环可以和 M，S，T 功能同时进行。如果不巧，像下述例子那样指令 M、S、T 后取消了固定循环（由于指令 G00，G01）时，请再次指令固定循环；

（例）N003 T0101；

　　　…

　　　…

　　　N010 G90 X20.0 Z10.0 F2000；

　　　N011 G00 T0202；

　　　N012 G90 X20.5 Z10.0；

（6）若在单一型固定循环 G90、G92 或 G94 的下一个程序段紧跟着使用 M、S、T 功能，G90 等功能不会多执行循环一次。因此可以不必取消 G90 模态等功能就可立即执行 M、S、T。

2.2.6　复合型固定循环指令

为更简化编程，本系统提供了 6 个复合型固定循环指令，分别为：外（内）圆粗车循环 G71、端面粗车循环 G72、封闭切削循环 G73、精加工循环 G70、端面深孔加工循环 G74、外圆切槽循环 G75 及复合型螺纹切削循环 G76。运用这组复合循环指令，只须指定精加工路线和粗加工的吃刀量等数据，系统会自动计算粗加工路线和走刀次数。

其中 G76 复合型螺纹切削循环已在前面螺纹加工指令做了介绍。

2.2.6.1　外（内）圆粗车循环 G71

指令格式：G71 U($\underline{\Delta d}$) R($\underline{e}$) F__ ；

　　　　　G71 P($\underline{NS}$) Q($\underline{NF}$) U($\underline{\Delta u}$) W($\underline{\Delta w}$) S__ T__ ；

```
N(NS) . . . . . . ;
. . . . . . . . . ;
. . . . F ;
. . . . S ;
. . . . T ;                     } 精加工路线程序段
.
.
.
N(NF) . . . . . . ;
```

指令意义： 系统根据精加工路线 $NS \sim NF$ 程序段，吃刀量、进刀退刀量等自动计算粗加工路线，用与 Z 轴平行的动作进行切削。对于非成型棒料可一次成型。

指令地址：

U（Δd）：粗车时 X 轴方向单次的切入深度，半径指定，无符号，单位：mm。该值也可由参数（No. 051）指定。进刀方向由 NS 程序段的移动方向决定，即 AA' 方向决定。U（Δd）执行后，指令值 Δd 在下次指定前保持有效，并将参数（No. 051）的值修改为 $\Delta d \times 1\,000$，单位：0.001mm。该值缺省输入时，以参数（No. 051）的值作为单次进刀量；

R（e）：粗车时 X 轴方向单次的退刀量，半径指定，无符号，单位：mm。该值也可由参数（No. 052）指定。退刀方向与进刀方向相反。R（e）执行后，指令值 e 在下次指定前保持有效，并将参数（No. 052）的值修改为 $e \times 1\,000$，单位：0.001mm。该值缺省输入时，以参数（No. 052）的值作为退刀量；

P（NS）：精加工路线程序段群的第一个程序段的顺序号；

Q（NF）：精加工路线程序段群的最后一个程序段的顺序号；

U（Δu）：X 轴方向精加工余量的距离及方向（参数No. 001 的 BIT2＝0 时，是直径指定，否则是半径指定），单位：mm，缺省输入时，系统按 $\Delta u = 0$ 处理；

W（Δw）：Z 轴方向精加工余量的距离及方向，单位：mm；缺省输入时，系统按 $\Delta w = 0$ 处理；

F：切削进给速度，单位：mm/min；

S：主轴的转速；

T：刀具、刀编号。

指令轨迹：

在 $NS \sim NF$ 程序段给出工件精加工的形状轨迹，系统根据此形状轨迹以及 E、ΔD、ΔU 和 ΔW 的值来决定粗加工的形状轨迹。该功能在切削工件时刀具轨迹如图 2-34，刀具逐渐进给，使切削轨迹逐渐向零件最终形状靠近，最终切削成工件的形状。

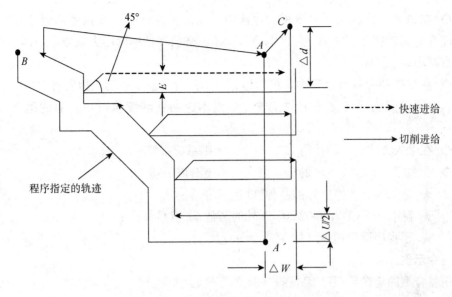

图 2-34　G71 指令运行轨迹

指令说明：

◆ $NS \sim NF$ 程序段可不必紧跟在 G71 程序段后编写，系统能自动搜索到 NS 程序段并执行，但完成 G71 指令后，会接着执行紧跟 NF 程序段的下一段程序；

◆ $\triangle d$、$\triangle u$ 都用同一地址 U 指定，其区分是根据该程序段有无指定 P、Q 区别；

◆ 循环动作由 P、Q 指定的 G71 指令进行；

◆ 在 G71 循环中，顺序号 $NS \sim NF$ 之间程序段中的程序段 F、S、T 功能都无效，全部忽略。G71 程序段或以前指令的 F、S、T 有效。G71 中指令的 F、S、T 功能有效，顺序号 $NS \sim NF$ 间程序段中 F、S、T 对 G70 指令循环有效；

◆ 在带有恒线速控制选择功能时，在 A 至 B 间移动指令中的 G96 或 G97 无效，在含 G71 或以前程序段指令的有效；

◆ 根据切入方向的不同，G71 指令轨迹有下述四种情况（图 2-35），但无论哪种都是根据刀具平行 Z 轴移动进行切削的，Δu、Δw 的符号如下：

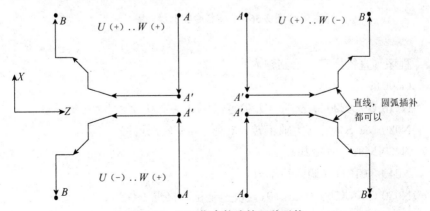

图 2-35　G71 指令轨迹的四种形状

◇ 在 A 至 A′ 间顺序号 NS 的程序段中只能含有 G00 或 G01 指令，而且必须指定，也不能含有 Z 轴指令。在 A′ 至 B 间，X 轴、Z 轴必须都是单调增大或减小，即一直增大或一直减小；

◇ 在 G71 指令执行过程中，可以停止自动运行并手动移动，但要再次执行 G71 循环时，必须返回到手动移动前的位置。如果不返回就继续执行，后面的运行轨迹将错位；

◇ 在录入方式中不能执行 G71 指令，否则系统报警；

◇ 在顺序号 NS 到 NF 的程序段中，不能有以下指令：

★ 除 G04（暂停）外的其他 00 组 G 指令；

★ 除 G00、G01、G02、G03 外的其他 01 组 G 指令；

★ 子程序调用指令（如 M98/M99）。

指令示例：

用复合型固定循环 G71 编写图 2-36 的零件程序。

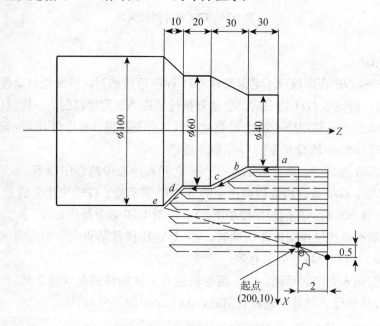

图 2-36　G71 指令实例零件图

▲　程序（直径指定，公制输入）

O0001;

N010 G0 X220.0 Z50;（刀尖定位到 $X = 220$，$Z = 50$ 的坐标点）

N020 M3 S300;（主轴正转，转速：300 转/分钟）

N030 M8;（开冷却）

N040 T0101;（调入粗车刀）

N050 G00 X200.0 Z10.0;（快速定位，接近工件）

N060 G71 U4.0 R1.0;（每次切深 8mm［直径］，退刀 1mm）

N070 G71 P080 Q120 U1 W2.0 F100 S200；（对 $a \sim d$ 粗车加工，X 余量
　　　　　　　　　　　　　　　　　　　1mm，Z 余量 2mm）

N080 G00 X40.0；（定位到 X40）

N090 G01 Z−30.0 F100 S200；$(a \rightarrow b)$

N100 X60.0 W−30.0；$(b \rightarrow c)$ ｝精加工路线 $a \rightarrow b \rightarrow c \rightarrow d \rightarrow e$ 程序段

N110 W−20.0；$(c \rightarrow d)$

N120 X100.0 W−10.0；$(d \rightarrow e)$

N130 G00 X220.0 Z50.0；（快速退刀到安全位置）

N140 T0202；（调入 2 号精加工刀，执行 2 号刀偏）

N160 G70 P80 Q120；（对 $a \sim d$ 精车加工）

N170 G00 X220.0 Z50.0 M05 S0；（快速回安全位置，关主轴，停转速）

N180 M09；（关闭冷却）

N190 T0100；（换回基准刀，清刀偏）

N200 M30；（程序结束）

2.2.6.2　端面粗车循环 G72

指令格式： G72 W(Δd)　R(e)　F＿；
　　　　　　 G72 P(NS)　Q(NF)　U(Δu)　W(Δw)　S＿ T＿；
　　　　　　 N(NS) ．．．．．；
　　　　　　 ．．．．．．．；
　　　　　　 ．．．．F；
　　　　　　 ．．．．S；
　　　　　　 ．．．．T；　　 ｝精加工路线程序段
　　　　　　 ·
　　　　　　 ·
　　　　　　 ·
　　　　　　 N(NF) ．．．．；

指令意义： 系统根据精加工路线 $NS \sim NF$ 程序段，吃刀量、进刀退刀量等自动计算粗加工路线，用与 X 轴平行的动作进行切削。对于非成型棒料可一次成型。

指令地址：

W(Δd)：粗车时 Z 轴方向单次的切入深度，半径指定，无符号，单位：mm。该值也可由参数（No.051）指定。进刀方向由 NS 程序段的移动方向决定，即 AA' 方向决定。W(Δd) 执行后，指令值 Δd 在下次指定前保持有效，并将参数（No.051）的值修改为 $\Delta d \times 1000$，单位：0.001mm。该值缺省输入时，以参数（No.051）的值作为单次进刀量；

R(e)：粗车时 Z 轴方向单次的退刀量，无符号，单位：mm。该值也可由参数（No.052）指定。退刀方向与进刀方向相反。R(e) 执行后，指令值 e 在下次指定前

保持有效，并将参数（No. 052）的值修改为 $e \times 1000$，单位：0.001mm。该值缺省输入时，以参数（No. 052）的值作为退刀量；

　　P（NS）：精加工路线程序段群的第一个程序段的顺序号；

　　Q（NF）：精加工路线程序段群的最后一个程序段的顺序号；

　　U（Δu）：X 轴方向精加工余量的距离及方向（参数 No. 001 的 BIT2＝0 时，是直径指定，否则是半径指定），单位：mm，缺省输入时，系统按 $\Delta u = 0$ 处理；

　　W（Δw）：Z 轴方向精加工余量的距离及方向，单位：mm，缺省输入时，系统按 $\Delta w = 0$ 处理；

　　F：切削进给速度，单位：mm/min；

　　S：主轴的转速；

　　T：刀具、刀偏号。

指令轨迹：

　　在 NS ～ NF 程序段给出工件精加工的形状轨迹，系统根据此形状轨迹以及 e、Δd、Δu 和 Δw 的值来决定粗加工的形状轨迹。该功能在切削工件时刀具轨迹如图 2-37，刀具逐渐进给，使切削轨迹逐渐向零件最终形状靠近，最终切削成工件的形状，其精加工路径为 $A \to A' \to B \to A$。

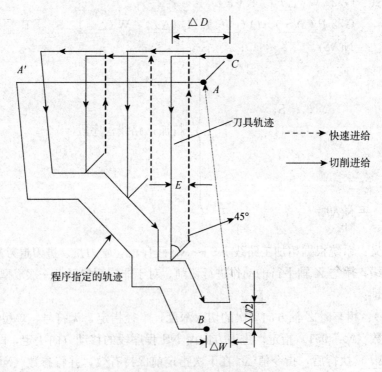

图 2-37　G72 指令运行轨迹

说明：

　　◇ NS ～ NF 程序段可不必紧跟在 G72 程序段后编写，系统能自动搜索到 NS 程序段并执行，但完成 G72 指令后，会接着执行紧跟 NF 程序段的下一段程序；

◇ △d、△u 都用同一地址 U 指定，其区分是根据该程序段有无指定 P、Q 区别；

◇ 循环动作由 P、Q 指定的 G72 指令进行；

◇ 在 G72 循环中，顺序号 NS ～ NF 之间程序段中的程序段 F、S、T 功能都无效，全部忽略。G71 程序段或以前指令的 F、S、T 有效。G72 中指令的 F、S、T 功能有效，顺序号 NS ～ NF 间程序段中 F、S、T 对 G70 指令循环有效；

◇ 在带有恒线速控制选择功能时，在 A 至 B 间移动指令中的 G96 或 G97 无效，在含 G72 或以前程序段指令的有效；

◇ 根据切入方向的不同，G72 指令轨迹有下述四种情况（图 2-38），但无论哪种都是根据刀具平行 X 轴移动进行切削的，Δu、Δw 的符号如下：

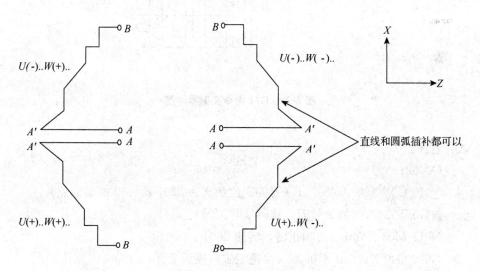

图 2-38　G72 指令轨迹的四种形状

◇ 在 A 至 A′ 间顺序号 NS 的程序段中只能含有 G00 或 G01 指令，而且必须指定，也不能含有 X 轴指令。在 A′ 至 B 间，X 轴、Z 轴必须都是单调增大或减小，即一直增大或一直减小；

◇ 在 G72 指令执行过程中，可以停止自动运行并手动移动，但要再次执行 G72 循环时，必须返回到手动移动前的位置。如果不返回就继续执行，后面的运行轨迹将错位；

◇ 在录入方式中不能执行 G72 指令，否则系统报警；

◇ 在顺序号 NS 到 NF 的程序段中，不能有以下指令：

★ 除 G04（暂停）外的其他 00 组 G 指令

★ 除 G00、G01、G02、G03 外的其他 01 组 G 指令

★ 子程序调用指令（如 M98/M99）

指令示例：

用复合型固定循环 G72 编写下图 2-39 的零件程序。

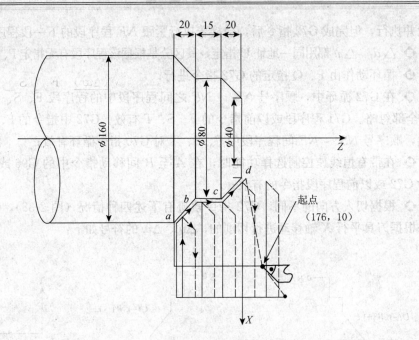

图 2-39　G72 指令实例零件图

▲　程序：

O0002；

N010 G0 X220.0 Z50.0；（刀尖定位到 $X=220$，$Z=50$ 的坐标点）

N015 T0202；（换 2 号刀，执行 2 号刀偏）

N017 M03 S200；（主轴正转，转速 200）

N020 G00 X176.0 Z10.0；（快速定位，接近工件）

N030 G72 W7.0 R1.0；（进刀量 7mm，退刀量 1mm）

N040 G72 P050 Q090 U4.0 W2.0 F100 S200；（对 $a \sim d$ 粗车，X 留 4mm，Z 留 2mm 余量）

N050 G00 Z-55.0 S200 ；（快速定位）

N060 G01 X160.0 F120；（进刀至 a 点）

N070 X80.0 W20.0；（加工 a-b）

N080 W15.0；（加工 b-c）

N090 X40.0 W20.0 ；（加工 c-d）

〉精加工路线程序段

N100 G0 X220.0 Z50.0；（快速退刀至安全位置）

N105 T0303；（换 3 号刀，执行 3 号刀偏）

N110 G70 P050 Q090；（精加工 a-d）

N120 G0 X220.0 Z50.0；（快速返回起点）

N130 M5 S0 T0200；（停主轴，换 2 号刀，取消刀补）；

N140 M30；（程序结束）

2. 2. 6. 3　封闭切削循环 G73

指令格式：G73 U（Δi）　W（Δk）　R（d）；

　　　　　G73 P（NS）　Q（NF）　U（Δu）　W（Δw）　F__ S__ T__；

　　　　　N(NS) . . . . ;

　　　　　. . . . . ;

　　　　　. . . . F;

　　　　　. . . . S;　　　　　　　}　精加工路线程序段

　　　　　. . . . T;

　　　　　.

　　　　　.

　　　　　N(NF) . . . . . ;

指令意义： 利用该循环指令，可以按 NS ～ NF 程序段给出的同一轨迹进行重复切削，每次切削刀具向前移动一次。因此对于锻造、铸造等粗加工已初步形成的毛坯，可以高效率地加工。

指令地址：

U（Δi）：X 轴方向粗车退刀的距离及方向，半径指定，单位：mm；该值也可由参数（No. 053）指定。U（Δi）执行后，指令值 Δi 在下次指定前保持有效，并将参数（No. 053）的值修改为 $\Delta i \times 1000$，单位：0.001mm。该值缺省输入时，以参数（No. 053）的值作为 X 轴粗车退刀量；

W（Δk）：Z 轴方向粗车退刀距离及方向，单位：mm；该值也可由参数（No. 054）指定。W（Δk）执行后，指令值 Δk 在下次指定前保持有效，并将参数（No. 054）的值修改为 $\Delta k \times 1000$，单位：0.001mm。该值缺省输入时，以参数（No. 054）的值作为 Z 轴粗车退刀量；

R（d）：封闭切削的次数，单位：次；该值也可由参数（No. 055）指定。R（d）执行后在下次指定前保持有效，并将参数（No. 055）修改为当前值。该值缺省输入时，以参数（No. 055）为切削次数；

P（NS）：构成精加工形状的程序段群的第一个程序段的顺序号；

Q（NF）：构成精加工形状的程序段群的最后一个程序段的顺序号；

U（Δu）：X 轴方向的精加工余量，单位：mm，缺省输入时，系统按 $\Delta u = 0$ 处理；

W（Δw）：Z 轴方向的精加工余量，单位：mm，缺省输入时，系统按 $\Delta w = 0$ 处理；

F：切削进给速度，单位：mm/min；

S：主轴的转速；

T：刀具、刀偏号。

指令轨迹：

在 NS ～ NF 程序段给出工件精加工的形状轨迹，系统根据此形状轨迹以及 Δi、

Δk、Δu、Δw 和 d 的值来决定粗加工的形状轨迹及走刀次数。该功能在切削工件时刀具轨迹为如图 2-40 所示的封闭回路，刀具逐渐进给，使封闭切削回路逐渐向零件最终形状靠近，最终切削成工件的形状，其精加工路径为 $A \rightarrow A' \rightarrow B \rightarrow A$。

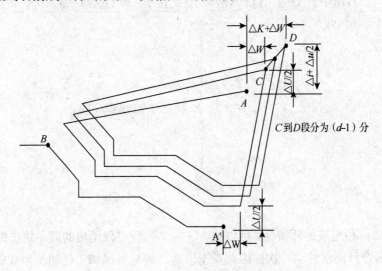

图 2-40　G73 指令运行轨迹

指令说明：

◇ $NS \sim NF$ 程序段可不必紧跟在 G73 程序段后编写，系统能自动搜索到 NS 程序段并执行，但完成 G73 指令后，会接着执行紧跟 NF 程序段的下一段程序；

◇ 在 $NS \sim NF$ 间任何一个程序段上的 F、S、T 功能均无效。仅在 G73 中指定的 F、S、T 功能有效；

◇ NS 程序段只能是 G00、G01 指令；

◇ Δi、Δk、Δu、Δw 都用地址 U、W 指定，其区别根据有无指定 P、Q 来判断；

◇ 根据 $NS \sim NF$ 程序段来实现循环加工，编程时请注意 Δu、Δw、Δi、Δk 的符号。循环结束后，刀具返回 A 点；

◇ 在 A 至 A' 的程序段只能含有 G00 或 G01 指令，而且必须指定；

◇ 在 G73 指令执行过程中，可以停止自动运行并手动移动，但要再次执行 G73 循环时，必须返回到手动移动前的位置。如果不返回就继续执行，后面的运行轨迹将错位；

◇ G73 中 NS 到 NF 间的程序段不能使用的指令：

★ 除 G04（暂停）外的其他 00 组 G 指令；

★ 除 G00、G01、G02、G03 外的其他 01 组 G 指令；

★ 子程序调用指令（如 M98/M99）。

指令示例：

用封闭切削循环指令 G73 编写图 2-41 所示零件的加工程序。

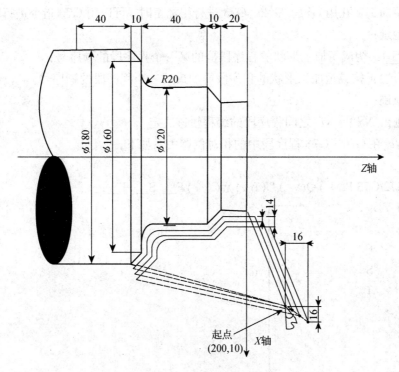

图 2-41 G73 指令举例图

▲ 程序：（直径指定，公制输入）

N010 G0 X260.0 Z50.0 ；（刀尖定位到 $X=260$，$Z=50$ 的坐标点）

N011 G99 G00 X200.0 Z10.0 M03；（指定转进给，快速定位至起点，启动主轴）

N012 G73 U14.0 W14.0 R3 ；（X 向退刀 28mm，Z 向退刀 14mm）

N013 G73 P014 Q019 U4.0 W2.0 F0.3 S0180 ；（粗车，X 留 4mm，Z 留 2mm
精车余量）

N014 G00 X80.0 W-40.0；

N015 G01 W-20.0 F0.15 S0600；

N016 X120.0 W-10.0；

N017 W-20.0 S0400；　　　　　　　　　　　　} 精加工形状程序段

N018 G02 X160.0 W-20.0 R20.0；

N019 G01 X180.0 W-10.0 S0280；

N020 M05 S0；（停主轴）

N021 G0 X260.0 Z50.0；（快速定位）

N022 M30；（程序结束）

2.2.6.4 精加工循环 G70

指令格式： G70 P（NS） Q（NF）；

指令意义： 执行该指令时刀具从起始位置沿着 $NS \sim NF$ 程序段给出的工件精加工

轨迹进行精加工。在用 G71、G72、G73 进行粗加工时，可以用 G70 指令进行精车。

指令地址：

P（*NS*）：构成精加工形状的程序段群的第一个程序段的顺序号；

Q（*NF*）：构成精加工形状的程序段群的最后一个程序段的顺序号。

指令轨迹：

其轨迹由 *NS* ～ *NF* 之间程序段的编程轨迹决定。

NS、*NF* 在 G70～G73 程序段中的相对位置关系如下：

```
. . . . . . . .
G71/G72/G73 P(NS) Q(NF) U(Δu) W(Δw) F__ S__ T__;
N(NS) . . . . . .
      . . . . . . . .
              · F
              · S
              · T
              ·
              ·
N(NF). . . . . .
G70 P(NS) Q(NF);
              ·
```

指令说明：

◇ 在 G71、G72、G73 程序段中规定的 F、S 和 T 功能无效，但在执行 G70 时顺序号 "*NS*" 和 "*NF*" 之间指定的 F、S 和 T 有效；

◇ 当 G70 循环加工结束时刀具返回到起点并读下一个程序段；

◇ 在 G70 指令执行过程中，可以停止自动运行并手动移动，但要再次执行 G70 循环时，必须返回到手动移动前的位置。如果不返回就继续执行，后面的运行轨迹将错位；

◇ G70 指令可以含有 M、F、S、T 功能指令；

◇ G70 指令中 NS 到 NF 可以包含 100 个程序段；

◇ G70 中 NS 到 NF 间的程序段不能使用的指令：

★ 除 G04（暂停）外的其他 00 组 G 指令；

★ 除 G00、G01、G02、G03 外的其他 01 组 G 指令；

★ 子程序调用指令（如 M98/M99）。

指令示例：

见 G71、G72 指令示例。

2.2.6.5 端面深孔加工循环 G74

指令格式： G74　R（*e*）；

G74　X（*U*）＿　Z（*W*）＿　P（Δ*i*）　Q（Δ*k*）　R（Δ*d*）　F＿；

指令意义： 执行该指令时，系统根据程序段所确定的切削终点以及 *e*、Δ*i*、Δ*k* 和 Δ*d* 的值来决定刀具的运行轨迹：从起点轴向（Z 轴方向）进给、回退、再进给……直至切削到与切削终点 Z 轴坐标相同的位置，然后径向（X 轴方向）退刀、轴向回退至与起点 Z 轴坐标相同的位置，完成一次轴向切削循环；径向再次进刀后，进行下一次轴向切削循环；切削到切削终点后，返回起点（G74 的起点和终点相同），完成循环加工。G74 的径向进刀和轴向进刀方向由切削终点 X（*U*）、Z（*W*）与起点的相对位置决定，此指令用于在工件端面加工环形槽或中心深孔，轴向断续切削起到断屑、及时排屑的作用。

指令轨迹：

指令运行轨迹如图 2-42 所示：

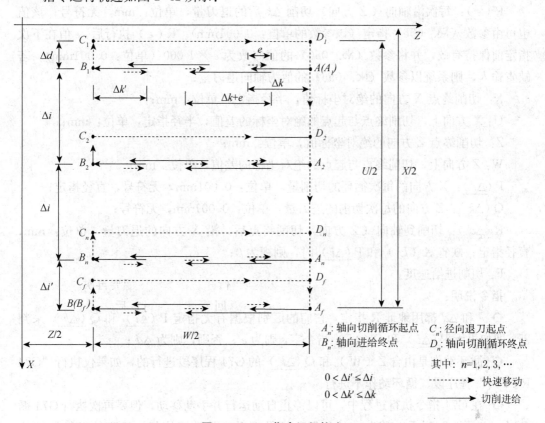

A_n：轴向切削循环起点　　C_n：径向退刀起点
B_n：轴向进给终点　　　　D_n：轴向切削循环终点

其中：*n*=1，2，3，…

0 ＜ Δ*i*′ ≤ Δ*i*

0 ＜ Δ*k*′ ≤ Δ*k*

-------- ▶ 快速移动

———— ▶ 切削进给

图 2-42　G74 指令运行轨迹

相关概念：

▲　切削终点：X（*U*）＿、Z（*W*）＿指定的位置，最后一次轴向（Z 方向）进刀的终点，图 2-42 中表示为点 B_f；

▲ 轴向（Z 方向）切削循环起点：每次轴向进刀，开始切削循环的位置。图 2-42 中表示为 A_n（$n=1$，2，3，…），A_n 的 Z 轴坐标与起点 A 相同，A_n 与 A_{n-1} 的 X 轴坐标的差值为 Δi。第一次轴向切削循环起点 A_1 与起点 A 为同一点，最后一次轴向切削循环起点（表示为 A_f）的 X 轴坐标与切削终点相同；

▲ 轴向（Z 方向）进刀终点：Z 轴方向上，每次切削循环中进刀的终点位置，图 2-42 中表示为 B_n（$n=1$，2，3，…），B_n 的 Z 轴坐标与切削终点相同，B_n 的 X 轴坐标与 A_n 相同，最后一次轴向进刀终点（表示为 B_f）与切削终点为同一点；

▲ 径向（X 方向）退刀终点：在完成每次到达轴向进刀终点 B_n（$n=1$，2，3，…）后，刀具沿径向退刀（退刀量为 Δd）的终点位置，图 2-42 中表示为 C_n（$n=1$，2，3，…），C_n 的 Z 轴坐标与切削终点相同，C_n 与 $A_n X$ 轴坐标的差值为 Δd；

▲ 轴向（Z 方向）切削循环终点：从径向退刀终点轴向退刀的终点位置，图 2-42 中表示为 D_n（$n=1$，2，3，…），D_n 的 Z 轴坐标与起点相同，D_n 的 X 轴坐标与 C_n 相同。

指令地址：

R（e）：每次沿轴向（Z 方向）切削 Δk 后的退刀量，单位：mm，无符号；该值也可由参数（No. 056）指定（该参数的单位：0.001mm）。R（e）执行后，e 值在下次指定前保持有效，并将参数（No. 056）的值修改为 $e\times1\,000$（单位：0.001mm）。若缺省输入，则系统以参数（No. 056）的值为轴向退刀量；

X：切削终点 X 方向的绝对坐标值，半径指定，单位：mm；

U：X 方向上，切削终点与起点的绝对坐标的差值，半径指定，单位：mm；

Z：切削终点 Z 方向的绝对坐标值，单位：mm；

W：Z 方向上，切削终点与起点的绝对坐标的差值，单位：mm；

P（Δi）：X 方向的每次循环的切削量，单位：0.001mm，无符号，直径指定；

Q（Δk）：Z 方向的每次切削的进刀量，单位：0.001mm，无符号；

R（Δd）：切削到轴向（Z 方向）切削终点后，沿 X 方向的退刀量，单位：mm，直径指定；缺省 X（U）和 P（Δi）时，则视为 0；

F：切削进给速度。

指令说明：

◇ e 和 Δd 都用地址 R 指定，它们的区别根据有无指定 P（Δi）和 Q（Δk）来判断，即如果无 P（Δi）和 Q（Δk）指令字，则为 e；否则，则为 Δd；

◇ 循环动作是由含 Z（W）和 Q（Δk）的 G74 程序段进行的，如果仅执行"G74 R（e）;"程序段，循环动作不进行；

◇ 在 G74 指令执行过程中，可以停止自动运行并手动移动，但要再次执行 G74 循环时，必须返回到手动移动前的位置。如果不返回就继续执行，后面的运行轨迹将错位。

指令示例：

用 G74 指令编写零件程序，零件尺寸如图 2-43 所示。

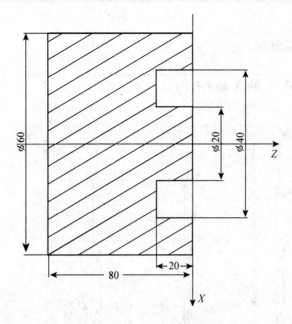

图 2-43　G74 指令切削实例图

△　程序：

O0001；	（程序名）
G0 X100 Z50；	（快速定位）
M3 S500；	（启动主轴，置转速 500）
G0 X40 Z5；	（定位到加工起始点）
G74 R1 ；	（加工循环）
G74 X20 Z60 P2000 Q2000 F50；	
G0 Z50；	（Z 向退刀）
X100；	（X 向退刀）
M5 S0；	（停主轴）
M30；	（程序结束）

2.2.6.6　外圆切槽循环 G75

指令格式： G75 R（e）；

G75 X（U）__ Z（W）__ P（Δi）Q（Δk）R（Δd）F__ ；

指令意义： 执行该指令时，系统根据程序段所确定的切削终点以及 e、Δi、Δk 和 Δd 的值来决定刀具的运行轨迹：从起点径向（X 轴方向）进给、回退、再进给……直至切削到与切削终点 X 轴坐标相同的位置，然后轴向（Z 轴方向）退刀、径向回退至与起点 X 轴坐标相同的位置，完成一次径向切削循环；轴向再次进刀后，进行下一次径向切削循环；切削到切削终点后，返回起点（G75 的起点和终点相同），完成循环加工。G75 的轴向进刀和径向进刀方向由切削终点 X（U）、Z（W）与起点的相对位置决定，此指令用于加工径向环形槽或圆柱面，径向断续切削起到断屑、及时排屑的作用。

指令轨迹：

指令运行轨迹见图 2-44：

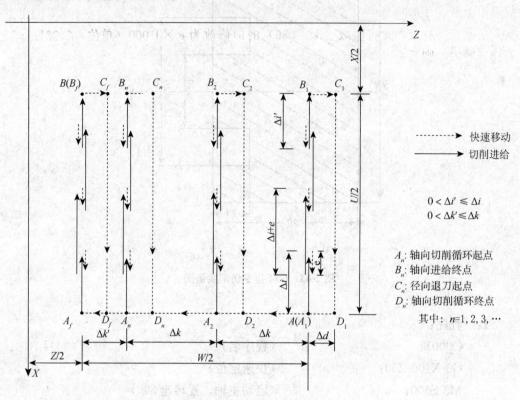

图 2-44　G75 指令运行轨迹

相关概念：

▲　切削终点：X（U）__、Z（W）__指定的位置，最后一次径向（X 方向）进刀的终点，图 2-44 中表示为点 B_f；

▲　径向（X 方向）切削循环起点：每次径向进刀，开始切削循环的位置。图 2-44 中表示为 A_n（$n=1$，2，3，…），A_n 的 X 轴坐标与起点 A 相同，A_n 与 A_{n-1} 的 Z 轴坐标的差值为 Δk。第一次轴向切削循环起点 A_1 与起点 A 为同一点，最后一次轴向切削循环起点（表示为 A_f）的 Z 轴坐标与切削终点相同；

▲　径向（X 方向）进刀终点：X 轴方向上，每次切削循环中进刀的终点位置，图 2-44 中表示为 B_n（$n=1$，2，3，…），B_n 的 X 轴坐标与切削终点相同，B_n 的 Z 轴坐标与 A_n 相同，最后一次轴向进刀终点（表示为 B_f）与切削终点为同一点；

▲　轴向（Z 方向）退刀终点：在完成每次到达径向进刀终点 B_n（$n=1$，2，3，…）后，刀具沿轴向退刀（退刀量为 Δd）的终点位置，图 2-44 中表示为 C_n（$n=1$，2，3，…），C_n 的 X 轴坐标与切削终点相同，C_n 与 A_n Z 轴坐标的差值为 Δd；

▲　径向（X 方向）切削循环终点：从轴向退刀终点径向退刀的终点位置，图 2-44 中表示为 D_n（$n=1$，2，3，…），D_n 的 X 轴坐标与起点相同，D_n 的 Z 轴坐标与 C_n 相同。

指令地址:

R（*e*）：每次沿径向（*X*方向）切削 Δ*i* 后的退刀量，单位：mm，无符号；该值也可由参数（№. 056）指定（该参数的单位：0.001mm）；R（*e*）执行后，e 值在下次指定前保持有效，并将参数（№. 056）的值修改为 *e*×1 000（单位：0.001mm）。若缺省输入，则系统以参数（№. 056）的值为径向退刀量；

X：切削终点 *X* 方向的绝对坐标值，半径指定，单位：mm；

U：*X* 方向上，切削终点与起点的绝对坐标的差值，半径指定，单位：mm；

Z：切削终点 *X* 方向的绝对坐标值，单位：mm；

W：*Z* 方向上，切削终点与起点的绝对坐标的差值，单位：mm；

P（Δ*i*）：*X* 方向的每次循环的切削量，单位：0.001mm，无符号，直径指定；

Q（Δ*k*）：*Z* 方向的每次切削的进刀量，单位：0.001mm，无符号；

R（Δ*d*）：切削到径向（*X* 方向）切削终点时，沿 *Z* 方向的退刀量，单位：mm，直径指定，省略 Z（*W*）和 Q（Δ*k*）时，则视为 0。

F：切削进给速度。

指令说明:

◆ *e* 和 Δd 都用地址 R 指定，它们的区别根据有无指定 P（Δ*i*）和 Q（Δ*k*）来判断，即如果无 P（Δ*i*）和 Q（Δ*k*）指令字，则为 *e*；否则，则为 Δ*d*；

◆ 循环动作是由含 X（*U*）和 P（Δ*i*）的 G75 程序段进行的，如果仅执行"G75 R（*e*）；"程序段，循环动作不进行；

◆ 在 G75 指令执行过程中，可使自动运行停止并手动移动，但要再次执行 G75 循环时，必须返回到手动移动前的位置。如果不返回就再次执行，后面的运行轨迹将错位。

指令示例: 用 G75 指令编写零件程序，零件尺寸如图 2-45 所示。

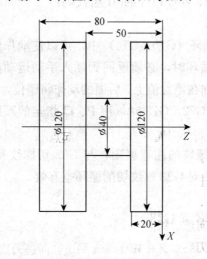

图 2-45 G75 指令切削实例图

♦ 程序:

O0001;   （程序名）

G0 X150 Z50；	（快速定位）
M3 S500；	（启动主轴，置转速 500）
G0 X125 Z－20；	（定位到加工起始点）
G75 R1 ；	（加工循环）
G75 X40 Z－50 P2000 Q2000 F50；	
G0 X150；	（X 向退刀）
Z50；	（Z 向退刀）
M5 S0；	（停主轴）
M30；	（程序结束）

2.2.6.7　复合型固定循环指令注意事项

（1）在指定复合型固定循环的程序段中，P、Q、X、Z、U、W、R 等必要的参数，在每个程序段中必须正确指令；

（2）在 G71、G72、G73 指令的程序段中，如果有 P 指令了顺序号，那么对应此顺序号的程序段必须指令 01 组 G 代码的 G00 或 G01，否则 P/S 报警；

（3）在 MDI 方式中，不能执行 G70、G71、G72、G73 指令。如果指令了，则 P/S 报警。G74、G75 可以执行；

（4）在指令 G70、G71、G72、G73 的程序段以及这些程序段中的 P 和 Q 顺序号之间的程序段中，不能指令 M98/M99；

（5）在 G70、G71、G72、G73 程序段中，用 P 和 Q 指令顺序号的程序段范围内，不能有下面指令；

　　★ 除 G04（暂停）外的一次性代码；

　　★ G00、G01、G02、G03 以外的 01 组代码；

　　★ M98/M99。

（6）在执行复合固定循环（G70～G76）中，可以使动作停止插入手动运动，但要再次开始执行复合型固定循环时，必须返回到插入手动运动前的位置。如果不返回就再开始，手动的移动量不加在绝对值上，后面的动作将错位，其值等于手动的移动量；

（7）执行 G70、G71、G72、G73 时，用 P、Q 指定的顺序号，在这个程序内不能重合；

（8）对于 G76 指定切螺纹的注意事项，与 G32 切螺纹和用 G92 螺纹切削循环相同，对螺纹倒角量的指定，对 G92 螺纹切削循环也有效。

2.2.7　自动返回机械零点 G28

指令格式：G28 X（U）＿ Z（W）＿；

指令意义：利用此指令，可以使指令的轴自动返回到参考点。X（U）＿ Z（W）＿指定返回到参考点中途经过的中间点，用绝对值指令或增量值指令。指令中可指令一个轴，也可指定两个轴。

表 2-8 G28 功能说明

指　令	功　能
G28X（U）__	X 轴回机械零点，Z 轴保持在原位
G28Z（W）__	X 轴回机械零点，X 轴保持在原位
G28	两轴保持在原位，继续执行下一程序段
G28X（U）__ Z（W）__	X、Z 轴同时回机械零点

指令过程：

（1）快速从当前位置定位到指令轴的中间点位置（A 点→B 点）。

（2）快速从中间点定位到参考点（B 点→R 点）。

（3）若非机床锁住状态，返回参考点完毕时，回零灯亮。

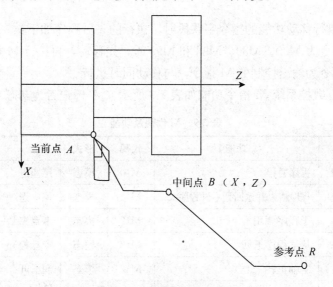

图 2-46 返回参考点的过程

注 1：在电源接通后，如果一次也没进行手动返回参考点，指令 G28 时，从中间点到参考点的运动和手动返回参考点时相同。此时从中间点运动的方向为参数（No. 006 ZMX，ZMZ）设定的返回参考点的方向。

注 2：若程序加工起点与参考点（机械原点）一致，可执行 G28 返回程序加工起点。

注 3：若程序加工起点与参考点（机械原点）不一致，不可执行 G28 返回程序加工起点，可通过快速定位指令或回程序起点方式回程序加工起点。

注 4：G28 返回参考点的过程与手动返回参考点的过程一致。

2.3　辅助功能 M 代码

辅助功能 M 代码由地址字 M 和其后的一或两位数字组成，主要用于控制零件程序的走向，以及机床各种辅助功能的开关动作。M 功能有模态和非模态两种形式。

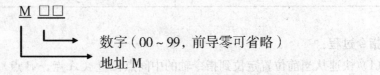

一个程序段只能一个 M 指令有效，当程序段中出现两个或两个以上的 M 指令时，系统报警。

M 指令与执行移动功能的指令字共段时，执行的先后顺序如下：

① 当 M 指令为 M00、M30、M98 和 M99 时，先移动，再执行 M 指令；

② 当 M 指令为输出控制的 M 指令，与移动同时执行。

GSK980TD 数控系统 M 指令功能如表 2-9 所示（＊标记者为初态）

表 2-9　M 代码及功能

代码	形式	功能	代码	形式	功能
M00	非模态	程序暂停	M10	模态	尾座进
M30	非模态	程序结束并返回到零件程序头	M11	模态	尾座退
M98	非模态	子程序调用	M12	模态	卡盘夹紧
M99	非模态	从子程序返回	M13	模态	卡盘松开
M03	模态	主轴正转	M32	模态	润滑开
M04	模态	主轴反转	＊M33	模态	润滑关
＊M05	模态	主轴停止	M41	模态	主轴自动换挡第 1 档转速
M08	模态	冷却液开	M42	模态	主轴自动换挡第 2 档转速
＊M09	模态	冷却液关	M43	模态	主轴自动换挡第 3 档转速
			M44	模态	主轴自动换挡第 4 档转速

注：在 M、S、T 代码中，当地址后的第一位数字是 0 时可省略。如 M03 可写成 M3，G01 可写成 G1

2.3.1　系统内定的辅助功能

在 GSK980TD 数控系统中，有些辅助功能是系统内定的辅助功能，如 M00、M30、M98、M99，它们用于控制零件程序的走向，它不由机床制造商设计决定。

2. 3. 1. 1　程序暂停 M00

指令格式： M00

当执行了 M00 的程序段后，系统停止自动运转，与单程序段暂停同样，把其前面的模态信息全部保存起来。欲继续执行后续程序段须重按操作面板上循环启动键，CNC 继续自动运转。

注：M00 的下一个程序段即使存在，也存不进缓冲存储器中去。

2. 3. 1. 2　程序结束并返回到零件程序头 M30

指令格式： M30

此指令具有下述功能：

(1) 表示主程序结束；

(2) 停止自动运转，处于复位状态时，机床的主轴、进给、冷却液全部停止；

(3) 返回到主程序开头；

(4) 加工件数加 1。

注：M30 的下一个程序段即使存在，也存不进缓冲存储器中去。

2. 3. 2. 1　主轴控制指令 M03、M04、M05

指令格式： M03；

　　　　　　M04；

　　　　　　M05；

M03 启动主轴以程序中编制的主轴速度顺时针方向（从 Z 轴正向朝正轴负向看）旋转，

M04 启动主轴以程序中编制的主轴速度逆时针方向（从 Z 轴正向朝正轴负向看）旋转，

M05 指令使主轴停止转动。

注：M03、M04、M05 可相互注销。

2. 3. 2. 2　冷却液控制指令 M08、M09

指令格式： M08；

　　　　　　M09；

M08 指令使冷却液打开；

M09 指令使冷却液关闭，不输出信号。

2.4　主轴功能 S 代码

通过地址 S 和其后面的数值，把代码信号送给机床，用于机床的主轴控制。在一个程序段中可以指令一个 S 代码，S 代码为模态指定。

关于可以指令 S 代码的位数以及如何使用 S 代码等，请参照机床制造厂家的说明书。

当移动指令和 S 代码在同一程序段时，移动指令和 S 功能指令同时开始执行。

2.4.1　主轴开关量控制

当系统参数№. 001 的 BIT4＝0 时，地址 S 和其后面两位数开关量控制主轴转速。

当选择开关量控制主轴转速时，系统可提供 4 级主轴机械换挡。S 代码与主轴的转速的对应关系及机床提供几级主轴变速，请参照机床制造厂家的说明书。

指令格式：S01（S1）；
　　　　　S02（S2）；
　　　　　S03（S3）；
　　　　　S04（S4）；

S 代码的执行时间可由诊断号№081 设定。

设定值：0～255　　（128 毫秒～32.640 秒）

设定时间 ＝ 设定值×128 毫秒。

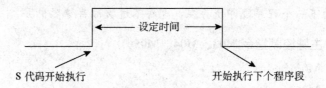

当系统参数№. 001 的 BIT4＝1 时，地址 S 和其后面数据直接指定主轴转速，单位为转/每分钟（r/min）。当恒线速控制时，S 指定切削线速度，其后的数值单位为米/每分钟（m/min）（G96 恒线速度有效、G97 取消恒线速度。当然，根据不同的机床厂家转数的单位也往往不同。

注 1：当在程序中指定了上述以外的 S 代码时，系统将产生报警（02：S 代码错）并停止执行。

注 2：在 S 两位数时，若指令 S 4 位数，则后两位数有效。

2.4.2　主轴模拟控制（选配功能）

当系统参数№. 001 的 BIT4＝1 时，地址 S 和其后面数据直接指定主轴转速，单位为转/每分钟（r/min）。当恒线速控制时，S 指定切削线速度，其后的数值单位为米/每分钟（m/min）（G96 恒线速度有效、G97 取消恒线速度。当然，根据不同的机床厂家转数的单位也往往不同。

当选择模拟量控制主轴转速时，系统可使主轴无级变速。

指令格式：S____；

2.4.3　S 代码调用子程序

当选择开关量控制主轴转速时，参数№. 006 的 BIT5：CM98 设置为 1 时，执行S10～S99 指令时系统调用子程序。若参数№. 006 的 BIT5：CM98 设置为 0 时，当执行标准 S 以外的代码时，系统产生报警

执行 S□□；调用子程序 91□□。

注 1：当选择主轴模拟电压输出时，S 代码不调用子程序。

注 2：当执行非标准的 M、S，必须编入对应的子程序。否则会产生 078 报警。

注 3：非标准的 M、S、T 代码不能在录入方式下运行，否则会产生 M、S 或 T 码错的报警。

注 4：在对应的子程序中即可以编入轴运动指令，也可以对输出点进行控制（关和开），也可以根据 DI 的信号进行转跳或进行循环，或某一 DI 信号作为 M/S/T 的结束信号。关于 DI/DO 见本手册 3.7 节。

2.5　换刀及刀具补偿指令 T 功能代码

数控机床加工时，为完成零件加工，通常装有可换位的自动刀架。由于刀具的外形及安装位置不同，处于加工位置时，其刀尖相对工件坐标系的位置不一定完全相同；而且，刀具使用一段时间后会有磨损，其刀尖位置也会发生变化，导致产品尺寸产生误差。因此需要将各刀具的位置值进行比较或设定。为简化编程，需要对各刀具间长度偏差进行补偿，简称刀具长度补偿或刀具偏值补偿。

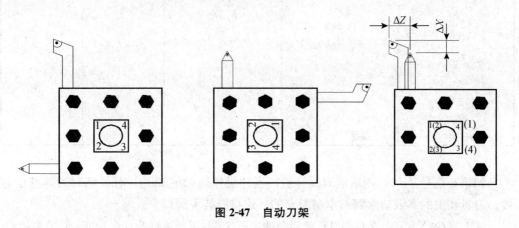

图 2-47　自动刀架

2.5.1　T 功能代码

T○○○○代码用于换刀，其后的 4 位数字分别表示选择的刀具号和刀具补偿号。执行 T 指令时，将转动刀架到指定的刀号位置，同时将使用指定的刀具补偿号的补偿值。关于 T 代码与刀具的关系及如何使用的问题，请参照机床制造厂家发行的说明书。

指令格式：

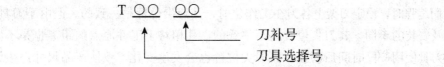

如：T0101 表示选择一号刀同时使用第 01 号刀补值。T0102 表示选择一号刀同时

使用第 02 号刀补值。

在一个程序段中只可以指令一个 T 代码。

（1）当移动指令和 T 代码在同一程序段中指令时，先换刀后执行移动指令，刀具补偿与移动指令合并执行。

（2）当一个程序段有 T 代码而没有运动指令时，刀具补偿的执行方式按参数№.003，BIT4 的选择执行（如果选择刀架移动，移动方式按 G00）。

（3）刀具选择是通过指定与刀具号相对应的 T 代码来实现的，系统可提供的刀具数由参数№.084 设定。关于刀具选择号与刀具的关系请参照机床制造商发行的手册。

（4）刀具的补偿包括刀具的偏置补偿和刀尖半径补偿（参见 C 刀补使用说明书）。刀具补偿号共有 32 组：01～32。每一组补偿号有四个补偿数据：X、Z、R、T。（R、T 用于刀尖半径补偿）X 为 X 轴的补偿量，Z 为 Z 轴的补偿量。具体见表 2-10。

表 2-10　刀具补偿页面的显示

补偿号	偏置量			
	X 补偿量	Z 补偿量	R	T
000		0.000		
001	0.000	0.020		
002	0.040	0.030		
003	0.060			
..	.			
..				
..				
032	.			

如果补偿号是 00，则取消刀具补偿。当补偿号是 01～32 组中任一组时刀具补偿有效。刀具相关的参数请参阅与本书配套的《连接安装手册》。

注1：G50 X(x)　Z(z) T；此指令设定了刀具位置的坐标为 (x)，(z) 的坐标系，不进行刀具移动。这个刀具位置是与 T 代码指定的偏置号相对应的偏置进行减运算的结果。

注2：G04 T；G02……T；仅完成换刀，不执行刀具偏置。

注3：当自动循环中正在使用的偏置量，由于 MDI 操作而改变时，在重新指令 T 代码的这个偏置号之前，这个新的偏置量无效。

2.5.2　刀具偏置补偿

我们编程时，设定刀架上各刀在工作位时，其刀尖位置是一致的。但由于刀具的几何形状及安装的不同，其刀尖位置是不一致的，其相对于工件原点的距离也是不同的；同时，刀具使用一段时间后磨损，其刀尖位置也会发生变化，致使产品尺寸产生误差。因此需要将各刀具的位置值进行比较或设定，称为刀具偏置补偿。刀具偏置补偿可使加工程序不随刀尖位置的不同而改变。刀具偏置补偿存放在同一个寄存器的地址号中。

如图 2-48 所示，在对刀时，确定一把刀为标准刀具（基准刀），并以其刀尖位置 A 为依据建立坐标系。这样，当其他各刀转到加工位置时，刀尖位置 B 相对标刀刀尖位置 A 就会出现偏置，原来建立的坐标系就不再适用，因此应对非标刀具相对于标准刀具之间的偏置值△ x、△ z 进行补偿，使刀尖位置 B 移至位置 A。

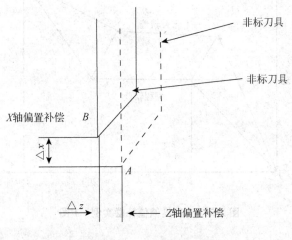

图 2-48　刀具偏置补偿

刀具的补偿功能由 T 代码指定，前两位数字表示刀具号，后两位数字表示刀具偏置补偿号。刀具补偿号是刀具偏置补偿寄存器的地址号，该寄存器存放刀具的 X 轴和 Z 轴偏置补偿值。T 加补偿号表示开始补偿功能，补偿号为 00 表示补偿量为 0，即取消补偿功能。系统对刀具的补偿或取消可通过系统参数№. 003 的 BIT4 位设定为通过移动拖板或修改坐标来实现。补偿号可以和刀具号相同，也可以不同，即一把刀具可以对应多个补偿号（值）。

若您的数控车床没有安装自动转位刀架（使用排刀架），须设置总刀位数选择参数为 0（即 DGN084＝0），此时 T 指令为固定的刀位号，不输出正、反转信号。

如图 2-49 所示，如果刀具轨迹相对编程轨迹具有 X、Z 方向上补偿值（由 X、Z 方向上的补偿分量构成的矢量称为补偿矢量），那么程序段中的终点位置加或减去由 T 代码指定的补偿量（补偿矢量）即为刀具轨迹段终点位置。

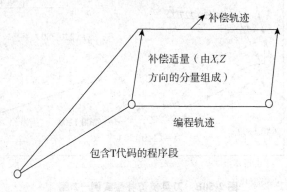

图 2-49　经偏值补偿后刀具的轨迹

例1：如图 2-50 A 所示，用1号刀先建立刀具偏置磨损补偿，后取消刀具偏置磨损补偿，刀具偏值补偿号为1。

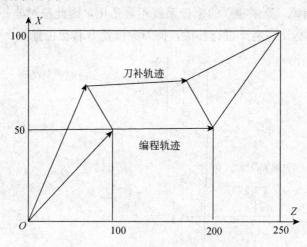

图 2-50A　刀具偏值补偿实例—1 图

▲　程序：
　　O0001；　　　　　　　（程序名）
　　G0 X0 Z0；　　　　　　（快速定位）
　　T0101；　　　　　　　（建立1号刀补）
　　G1 X50 Z100 F100；（切削进给）
　　Z200；　　　　　　　　（切削进给）
　　X100 Z250 T0100；（进给中取消刀补）
　　M30；　　　　　　　　（程序结束）

例2：用刀具偏值补偿编写图 2-50B 程序，刀具号与刀偏号如下。

轴	刀具号	
	01	02
X	-0.200	+0.050
Z	-0.120	+0.180

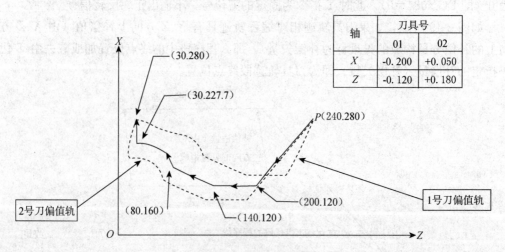

图 2-50B　刀具偏值补偿实例—2 图

▲　程序：（1号刀刀偏）

G0 X280.0 Z240.0；　　　　　（刀尖定位到 $X = 280$，$Z = 240$ 的坐标点）

G00 X120.0 Z200.0 T0101；　（刀具偏值开始）

G01 Z140.0 F30；　　　　　　（直线切削进给）

X160.0 Z80.0；　　　　　　　（直线切削进给）

G03 X227.7 Z30.0 R53.81；　（圆弧切削进给）

G00 X280.0 T0100；　　　　　（取消刀偏）

M30；　　　　　　　　　　　　（程序结束）

▲　2号刀刀偏程序：

通过对1号刀刀偏程序进行下列改动，可使2号刀具的刀尖轨迹与编程轨迹相同。

将1号刀刀偏程序中的 T0101 改写成 T0202，把 T0100 改写成 T0200 即可。

2.5.3　T代码换刀过程

执行 T 代码后，系统换刀时序（图 2-51 所示）及过程如下：

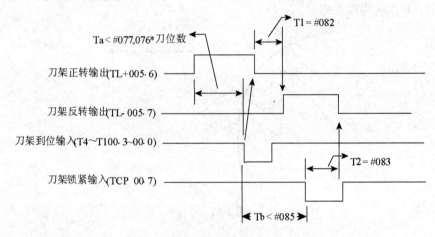

图 2-51　系统换刀时序

注：图中的 076、077 等是对应诊断号 DGN076、DGN077 设置的时间参数。

当 Ta≥（D076，077）×此次换刀位数时，产生报警 05：换刀时间过长。当 Tb≥ D083 时，产生报警 11：换刀时，反锁时间过长。

T 代码开始执行时，首先输出刀架正转信号（TL＋），使刀架旋转，当接收到 T 代码指定的刀具的到位信号后，关闭刀架正转信号，延迟 T1 时间后，刀架开始反转而进行锁紧（TL－），并开始检查锁紧信号 * TCP，当接收到该信号后，延迟诊断参数 DGN085 设置的时间，关闭刀架反转信号（TL－），换刀结束，程序转入下一程序段继续执行。如执定的刀号与现在的刀号（自动记录在诊断参数 DGN075 中）一致时，则换刀指令立刻结束，并转入下一程序段执行。

当系统输出刀架反转信号后，在诊断参数 DGN083 设定的时间内，如果系统没有

接收到 * TCP 信号，系统将产生报警，并关闭刀架反转信号。

　　注：当前的刀号存在诊断参数 DGN075 中。当换刀正常结束时，系统自动修改此值。在显示屏的右下角的 T 显示当前指令的 T 代码及刀补号。开机时，T 代码置诊断参数 DGN075 作为初值。在正常换刀时，这两个值是相同的。当指令 T 码后，由于某种原因刀架没有到位时，这两个值不相同，T 显示指令的刀号，而诊断参数 DGN075 保持换刀前的刀号不变。当指令的刀号与诊断参数 DGN075 一致时，系统不进行换刀。所以当前刀号与诊断参数 DGN075 不同时，一般须设置诊断参数 DGN075 为当前的刀号。手动换刀时，在换刀结束后，T 代码及诊断参数 DGN075 才修改为新的值。

2.6　　进给功能 F 代码

　　F 指令表示工件被加工时刀具相对于工件的合成进给速度，F 的单位取决于 G98（每分钟进给量 mm/min）或 G99（主轴每转一转刀具的进给量 mm/r），其取值范围见前面章节，F 代码为模态指定。

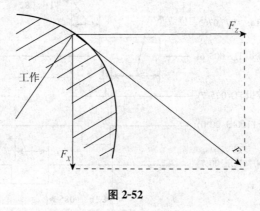

图 2-52

　　图 2-25 中，F_x、F_z 分别为切削进给时 X、Z 轴的速度，F 为合成进给速度。

$$F = \sqrt{Fx^2 + Fz^2}$$

使用下式可以实现每转进给量与每分钟进给量的转化。

$$Fm = Fr \times S$$

　　其中，Fm 为每分钟的进给量（mm/min）；

　　　　　Fr 为每转进给量（mm/r）；

　　　　　S 为主轴转数（r/min）。

　　借助机床控制面板上的倍率按键，F 可在一定范围内进行倍率修调。

　　指令格式： F＿＿＿；

　　注：当位置编码器的转速在 1 转/分以下时，速度会出现不均匀的现象。如果不要求速度均匀地加工，可用 1 转/分以下的转速。这种不均匀会达到什么程度，不能一概而论，不过在 1 转/分以下，转速越慢，越不均匀。

第三章 加工实例

实训任务一

一、实训目的

1. 巩固、熟练与提高工艺知识、编程能力和操作技能。

2. 熟悉加工时出现质量异常的原因，提出解决问题的具体措施。

3. 开始学习使用循环指令 G71 的编程方法。

二、零件图

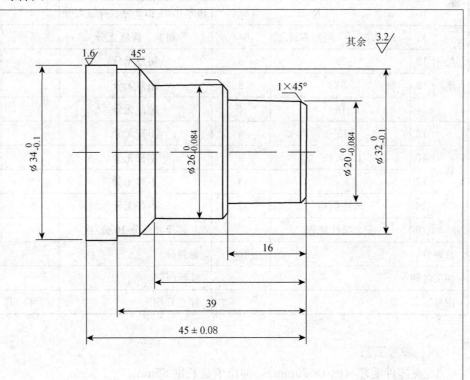

数控车床实训任务一			图号		SKC01	
			数量	1	比例	1:1
设计		审核		材料	45#	重量	
制图		日期				
额定工时	150min	共1页	第1页			

三、评分表

单位				准考证号		姓名	
检测项目		技术要求	配分	评分标准		检测结果	得分
机床操作	1	按步骤开机、检查、润滑	2	不正确无分			
	2	按程序格式输入、修改	2	不正确无分			
	3	程序轨迹检查	2	不正确无分			
	4	工件、刀具的正确安装	2	不正确无分			
	5	按指定方式对刀	3	不正确无分			
	6	检查对刀	3	不正确无分			
外圆	7	$\phi 34_{-0.1}^{0}$ $Ra 1.6$	8/4	超差 0.01 扣 2 分、降级无分			
	8	$\phi 32_{0.1}^{0}$ $Ra 1.6$	8/4	超差 0.01 扣 2 分、降级无分			
	9	$\phi 26_{0.084}^{0}$ $Ra 3.2$	8/4	超差 0.01 扣 2 分、降级无分			
	10	$\phi 20_{0.084}^{0}$ $Ra 3.2$	8/4	超差 0.01 扣 2 分、降级无分			
长度	11	46 ± 0.08 两侧 Ra3.2	6/4	超差、降级无分			
	12	39	6	超差无分			
	13	31	6	超差无分			
	14	16	4	超差无分			
其他	15	$45°$	4	不符无分			
	16	$1.5\times45°$	3	不符无分			
	17	$1\times45°$	3	不符无分			
	18	未注倒角	2	不符无分			
	19	安全操作规程		违反扣总分 10 分/次			
总评分			100	总得分			
加工时间				实际时间			
图号				加工日期		年 月 日	

四、参考工艺

1. 夹零件毛坯（$\phi 40\times70mm$），伸出卡盘长度 66mm。

2. 车端面。

3. 粗、精加工零件外形轮廓至尺寸要求。

4. 切断零件，总长留 0.5mm 余量。

5. 零件调头，夹 $\phi 34mm$ 外圆（校正）。

6. 加工零件总长至尺寸要求。

7. 回换刀点，程序结束。

五、注意事项

1. 加工零件时，刀具和工件安装必须牢固、可靠。

2. 加工零件时要注意刀具与卡盘是否碰撞。

3. 机床突然断电，再次上电后必须回安全点。

六、参考程序

	O0001	N12	Z-31	N24	T0100
N01	G00 X100 Z100	N13	X32 Z-34	N25	M30
N02	M03 S600 T0100	N14	Z-39		%
N03	G00 X41 Z2	N15	X34		
N04	G71 U1 R1	N16	Z-50		
N05	G71 P06 Q16 U0.5 W0 F80	N17	G70 P06 Q16		
N06	G00 X18	N18	G00 X100 Z100		
N07	G01 Z0	N19	T0202（切断刀左 4mm）		
N08	X20 Z-1	N20	G00 X43 Z-49		
N09	Z-16	N21	G01 X-1 F20 S250		
N10	X24	N22	G00 X100		
N11	X26 Z-17	N23	Z100		

实训任务二

一、实训目的

1. 掌握圆弧的计算和编程方法。

2. 练习使用 G71 进行轮廓的粗加工。

二、零件图

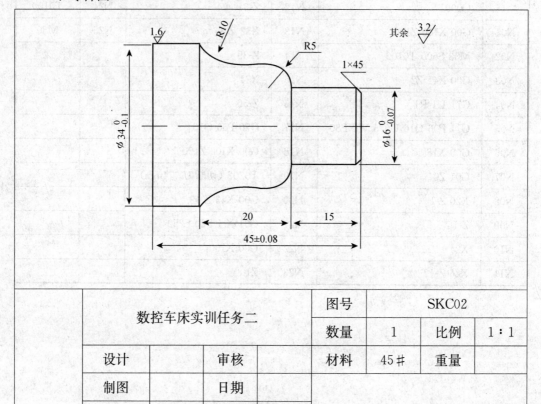

数控车床实训任务二		图号	SKC02		
		数量	1	比例	1∶1
设计	审核	材料	45#	重量	
制图	日期				
额定工时	150min	共 1 页	第 1 页		

三、评分表

单位			准考证号		姓名	
检测项目		技术要求	配分	评分标准	检测结果	得分
机床操作	1	按步骤开机、检查、润滑	2	不正确无分		
	2	按程序格式输入、修改	2	不正确无分		
	3	程序轨迹检查	2	不正确无分		
	4	工件、刀具的正确安装	2	不正确无分		
	5	按指定方式对刀	3	不正确无分		
	6	检查对刀	3	不正确无分		

单位				准考证号		姓名	
检测项目		技术要求		配分	评分标准	检测结果	得分
外圆	7	$\varnothing34_{-0.1}^{0}$	Ra 1.6	10/6	超差 0.01 扣 2 分、降级无分		
	8	$\varnothing16_{-0.1}^{0}$	Ra 1.6	10/6	超差 0.01 扣 2 分、降级无分		
圆弧	9	R 10	Ra 3.2	8/5	超差、降级无分		
	10	R 5	Ra 3.2	8/5	超差、降级无分		
长度	11	45		8	超差、降级无分		
	12	20		8	超差无分		
	13	15		8	超差无分		
其他	15	0.5×45°		2	不符无分		
	16	未注倒角		2	不符无分		
	17	安全操作规程			违反扣总分 10 分/次		
总评分				100	总得分		
加工时间					实际时间		
图号					加工日期	年　月　日	

四、参考工艺

1. 夹零件毛坯（$\varnothing40\times70$mm），伸出卡盘长度 66mm。

2. 车端面。

3. 粗、精加工零件外形轮廓至尺寸要求。

4. 切断零件，总长留 0.5mm 余量。

5. 零件调头，夹 $\varnothing34$mm 外圆（校正）。

6. 加工零件总长至尺寸要求。

7. 回换刀点，程序结束。

五、注意事项

1. 加工零件时，刀具和工件安装必须牢固、可靠。

2. 加工零件时要注意刀具与卡盘是否碰撞。

3. 圆弧的起点坐标、终点坐标数值要计算准确。

4. 机床突然断电，再次上电后必须回安全点。

六、参考程序

	O0002		N12	G02 X34 Z-35 R10	N24	％
N01	G00 X100 Z100		N13	G01 Z-50		
N02	M03 S600 T0100		N14	X41		

	O0002	N12	G02 X34 Z-35 R10	N24	‰
N03	G00 X41 Z2	N15	G70 P06 Q14		
N04	G71 U1 R1	N16	G00 X100 Z100		
N05	G71 P06 Q14 U0.5 W0 F80	N17	T0202（切断刀左4mm）		
N06	G00 X14	N18	G00 X43 Z-49		
N07	G01 Z0	N19	G01 X-1 F20 S250		
N08	X16 Z-1	N20	G00 X100		
N09	Z—15	N21	Z100		
N10	G03 X26 Z-20 R5	N22	T0100		
N11	G01 Z-27	N23	M30		

实训任务三

一、实训目的

1. 巩固、熟练 G71 的编程方法和加工方法。

2. 掌握螺纹的编程和加工及对刀方法。

二、零件图

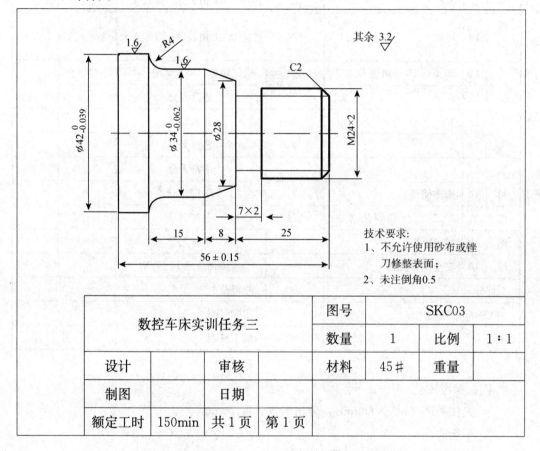

数控车床实训任务三		图号	SKC03		
		数量	1	比例	1：1
设计	审核	材料	45#	重量	
制图	日期				
额定工时	150min	共1页	第1页		

技术要求：
1、不允许使用砂布或锉刀修整表面；
2、未注倒角0.5

三、评分表

单位			准考证号		姓名	
检测项目		技术要求	配分	评分标准	检测结果	得分
机床操作	1	按步骤开机、检查、润滑	2	不正确无分		
	2	按程序格式输入、修改	2	不正确无分		
	3	程序轨迹检查	2	不正确无分		
	4	工件、刀具的正确安装	2	不正确无分		
	5	按指定方式对刀	3	不正确无分		
	6	检查对刀	3	不正确无分		

单位				准考证号		姓名	
检测项目		技术要求	配分	评分标准		检测结果	得分
外圆	7	$\varnothing 42_{-0.039}^{0}$　　　$Ra\,1.6$	6/4	超差 0.01 扣 2 分、降级无分			
	8	$\varnothing 34_{-0.062}^{0}$　　　$Ra\,1.6$	6/4	超差 0.01 扣 2 分、降级无分			
	9	$\varnothing 28$	4	超差 0.01 扣 2 分、降级无分			
圆弧	10	$R\,4$　　　　$Ra\,3.2$	6/4	超差 0.01 扣 2 分、降级无分			
长度	11	56 ± 0.15　　两侧 $Ra\,3.2$	6/4	超差、降级无分			
	12	25	3	超差无分			
	13	15	3	超差无分			
	14	8	4	超差无分			
倒角	15	C2	4	不符无分			
	16	未注倒角	3	不符无分			
槽	17	7×2　　两侧 $Ra\,3.2$	6/4	不符无分			
螺纹	18	$M24 \times 2$	15	不符无分			
	19	安全操作规程		违反扣总分 10 分/次			
总评分			100	总得分			
加工时间				实际时间			
图号				加工日期		年　月　日	

四、参考工艺

1. 夹住毛坯（$\varnothing 45 \times 85$mm），伸出卡盘长度 76mm。

2. 车端面。

3. 粗、精加工零件外形轮廓至尺寸要求。

4. 切槽 7×2mm 至尺寸要求。

5. 零粗、精加工螺纹至尺寸要求。

6. 切断零件，总长留 9.5mm 余量。

7. 零件调头，夹 $\varnothing 42$mm 外圆（校正）。

8. 加工零件总长至尺寸要求。

9. 回换刀点，程序结束。

五、注意事项

1. 加工零件时，刀具和工件安装必须牢固、可靠。

2. 加工零件时要注意刀具与卡盘是否碰撞。

3. 加工螺纹时，一定要根据螺纹的牙型角、导程合理选择刀具。

4. 安装螺纹车刀时，必须使用对刀样板。

5. 圆弧的起点坐标、终点坐标数值要计算准确。

6. 机床突然断电，再次上电后必须回安全点。

六、参考程序

	O0003	N24	X45	N39	X21.8
N01	G00 X100 Z100	N25	G70 P06 Q24	N40	X21.6
N02	M03 S600 T0100	N26	G00 X100 Z100	N41	X21.5
N03	G00 X46 Z2	N27	T0202（切断刀左 4mm）	N42	X21.4
N04	G71 U2 R1	N28	G00 X35 Z-25	N43	X21.4
N05	G71 P06 Q24 U0.5 W0 F80	N29	G01 X20 F20 S250	N44	G00 X100 Z100
N06	G00 X20	N30	G00 X30	N45	T0202
N07	G01 Z0	N31	Z-22	N46	G00 X48 Z-60
N08	X24 Z-2	N32	G01 X20 F20 S250	N47	G01 X-1 F20 S250
N09	Z-25	N33	G00 100	N48	G00 X100
N10	X28	N34	Z100	N49	Z100
N11	X34 Z-33	N35	T0303（螺纹刀）	N50	T0100
N20	Z-44	N36	G00 X24 Z2	N51	M30
N22	G02 X42 Z-48 R4	N37	G92 X23 Z-21 F2 S250	N52	％
N23	G01 Z-62	N38	X22.3		

实训任务四

一、实训目的

1. 掌握圆弧的计算方法、编程方法和加工方法。

2. 熟悉加工时出现质量异常的原因，提出解决问题的具体措施。

二、零件图

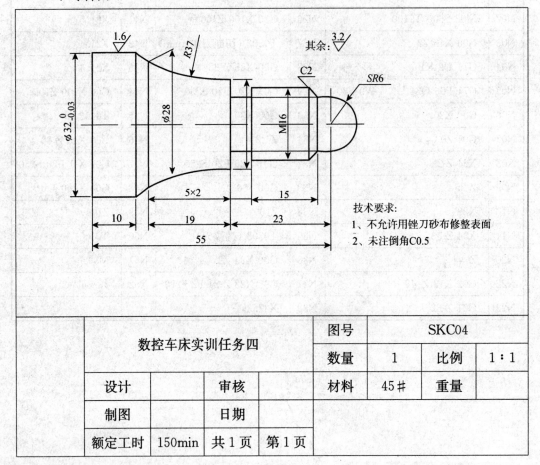

数控车床实训任务四		图号	SKC04		
		数量	1	比例	1∶1
设计	审核	材料	45#	重量	
制图	日期				
额定工时	150min	共1页	第1页		

三、评分表

单位				准考证号			姓名	
检测项目		技术要求		配分	评分标准		检测结果	得分
外圆	1	$\phi32^{0}_{-0.03}$	$Ra\,1.6$	8/4	超差0.01扣4分、降级无分			
	2	$\phi28$	锥面 $Ra\,3.2$	6/4	超差扣分			
	3	$\phi20$		6	超差扣分			
圆弧	4	$SR\,6$	$Ra\,3.2$	8/4	超差、降级无分			
	5	$R\,37$	$Ra\,3.2$	8/4	超差、降级无分			

续表

单位			准考证号			姓名	
检测项目		技术要求	配分	评分标准		检测结果	得分
螺 纹 槽	6	M16	20	超差扣分			
	7	牙型角	6	不符无分			
	8	5×2　　两侧 Ra 3.2	4/4	超差、降级无分			
长 度	9	55	3	超差无分			
	10	23	3	超差无分			
	11	15	2	超差无分			
	12	10	2	超差无分			
倒 角	13	C2	2	不符无分			
	14	未注倒角	2	不符无分			
	15	安全操作规程		违反扣总分 10 分/次			
总评分			100	总得分			
加工时间				实际时间			
图号				加工日期		年　月　日	

四、参考工艺

1. 夹住毛坯（ø45×80mm），伸出卡盘长度约 85mm。

2. 车端面。

3. 粗车、精车零件外形轮廓至尺寸要求。

4. 切槽。

5. 粗、精加工螺纹至尺寸要求。

6. 切断零件，总长留 0.5mm 余量。

7. 零件调头。

8. 加工零件总长至尺寸要求。

9. 回换刀点，程序结束。

五、注意事项

1. 螺纹加工的刀尖圆弧不能太大，否则影响牙型。

2. 安装螺纹刀时，必须要用对刀样板。

3. 对刀时候要注意编程零点和对刀零点的位置。

六、参考程序

	O0004	N24	Z-68	N39	X13.4
N01	G00 X100 Z100	N25	G70 P06 Q24	N40	X13.4

	O0004	N24	Z-68	N39	X13.4
N02	M03 S600 T0100	N26	G00 X100 Z100	N41	G00 X100 Z100
N03	G00 X41 Z2	N27	T0202（切断刀左 5mm）	N42	T0202
N04	G71 U2 R1	N28	G00 X35 Z-29	N43	G00 X41 Z-66
N05	G71 P06 Q24 U0.5 W0 F80	N29	G01 X12 F20 S250	N44	G01 X-1 F20 S250
N06	G00 X0	N30	G00 X100	N45	G00 X100
N07	G01 Z0	N31	Z100	N46	Z100
N08	G03 X12 Z-6 R6	N32	T0303（螺纹刀）	N47	T0100
N09	G01 Z-9	N33	G00 X16 Z-8	N48	M30
N10	X15.8 Z-11	N34	G92 X15.8 Z-27 F2 S250	N49	％
N11	Z—29	N35	X15	N50	
N20	X20	N36	X14.4	N51	
N22	G02 X28 Z-48 R37	N37	X14	N52	
N23	01 X32 Z-51	N38	X13.6		

实训任务五

一、实训目的

1. 巩固、熟练 G71 的变成和加工方法，掌握圆弧的加工方法。

2. 练习使用螺纹的编程和加工方法。

二、零件图

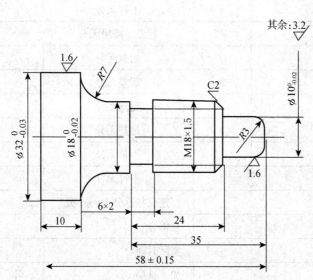

技术要求:
1、不允许用锉刀砂布修整表面
2、未注倒角C0.5

数控车床实训任务五		图号	SKC05		
		数量	1	比例	1∶1
设计	审核	材料	45#	重量	
制图	日期				
额定工时	150min	共 1 页	第 1 页		

三、评分表

单位				准考证号			姓名	
检测项目		技术要求		配分	评分标准		检测结果	得分
外圆	1	$\phi 32^{0}_{-0.03}$	$Ra\ 1.6$	8/4	超差 0.01 扣 4 分、降级无分			
	2	$\phi 18$	$Ra\ 3.2$	8/4	超差 0.01 扣 4 分、降级无分			
	3	$\phi 10$	$Ra\ 1.6$	8/4	超差 0.01 扣 4 分、降级无分			

续表

检测项目		技术要求		配分	评分标准	检测结果	得分
单位				准考证号		姓名	
圆弧	4	R7	Ra 3.2	6/4	超差、降级无分		
	5	R3	Ra 3.2	6/4	超差、降级无分		
螺纹	6	M18×1.5		17	超差扣分		
	7	牙型角		5	不符无分		
槽	8	6×2 两侧 Ra 3.2		2/2	超差、降级无分		
长度	9	58		5	超差无分		
	10	35		3	超差无分		
	11	24		3	超差无分		
	12	10		3	超差无分		
倒角	13	C2		2	不符无分		
	14	未注倒角		2	不符无分		
	15	安全操作规程			违反扣总分 10 分/次		
总评分				100	总得分		
加工时间					实际时间		
图号					加工日期	年 月 日	

四、参考工艺

1. 夹住毛坯（ø45×80mm），伸出卡盘长度约 78mm。

2. 车端面。

3. 粗车、精车零件外形轮廓至尺寸要求。

4. 切槽。

5. 粗、精加工螺纹至尺寸要求。

6. 切断零件，总长留 0.5mm 余量。

7. 零件调头。

8. 加工零件总长至尺寸要求。

9. 回换刀点，程序结束。

五、注意事项

1. 合理选择切削用量，提高加工质量。

2. 编程时候注意零件的尺寸公差，合理选择进刀路线。

3. 螺纹加工的刀尖圆弧不能太大，否则影响牙型。

4. 安装螺纹刀时，必须要用对刀样板。

5. 对刀时候要注意编程零点和对刀零点的位置。

六、参考程序

	O0005	N24	G02 X32 Z-48 R7	N39	G92 X17. 8 Z-32 F1. 5
N01	G00 X100 Z100	N25	G01 Z-65	N40	X17
N02	M03 S600 T0100	N26	X36	N41	X16. 5
N03	G00 X36 Z2	N27	G70 P06 Q26	N42	X16. 1
N04	G71 U2 R1	N28	G00 X100 Z100	N43	X16. 05
N05	G71 P06 Q26 U0. 5 W0 F80	N29	T0202 (切断刀左 4mm)	N44	G00 X100 Z100
N06	G00 X4	N30	G00 X20 Z-35	N45	T0202
N07	G01 Z0	N31	G01 X14 F20 S250	N46	G00 X35 Z-63
N08	G03 X10 Z-3 R3	N32	G00 X20	N47	G01 X-1 F20 S250
N09	G01 Z-5	N33	Z-33	N48	G00 X100
N10	X13. 8	N34	01X14 F20 S250	N49	Z100
N11	X17. 8 Z-7	N35	G00 X100	N50	T0100
N20	Z-35	N36	Z100	N51	M30
N22	X18	N37	T0303 (螺纹刀)	N52	%
N23	Z-41	N38	G00X18 Z-5		

实训任务六

一、实训目的

1. 巩固、熟练与提高工艺知识、编程能力和操作技能，掌握圆弧的加工方法。

2. 熟悉加工时出现质量异常的原因，提出解决问题的具体措施。

二、零件图

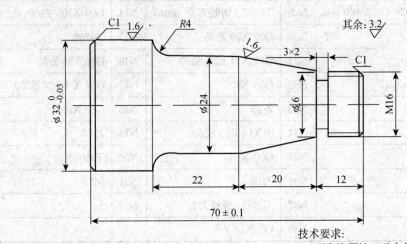

技术要求：

1、不允许用锉刀砂布修整表面

2、未注倒角C0.5

数控车床实训任务六			图号	SKC06		
			数量	1	比例	1：1
设计		审核	材料	45#	重量	
制图		日期				
额定工时	150min	共1页	第1页			

三、评分表

单位			准考证号			姓名	
检测项目		技术要求	配分	评分标准		检测结果	得分
外圆	1	$\phi 32^{0}_{-0.03}$　$Ra\ 1.6$	6/4	超差0.01扣4分、降级无分			
	2	$\phi 24$　$Ra\ 3.2$	6/4	超差扣分			
	3	$\phi 16$　锥度 $Ra\ 1.6$	6/4	超差扣分			

续表

单位			准考证号		姓名	
检测项目		技术要求	配分	评分标准	检测结果	得分
圆弧	4	R4　　Ra 3.2	8/4	超差、降级无分		
螺纹	6	M16	15	超差扣分		
	7	牙型角	6	不符无分		
槽	8	3×2　两侧 Ra 3.2	4/4	超差、降级无分		
长度	9	70	6	超差无分		
	10	22	6	超差无分		
	11	20	6	超差无分		
	12	12	5	超差无分		
倒角	13	C1 两处	4	不符无分		
	14	未注倒角	2	不符无分		
	15	安全操作规程		违反扣总分 10 分/次		
总评分			100	总得分		
加工时间				实际时间		
图号				加工日期	年　月　日	

四、参考工艺

1. 设坐标原点。

2. 调用外圆车刀，用 G71、G70 指令粗精车 M16 螺纹表面 $\phi24$、R4 表面、锥度。

3. 调用切槽刀，利用 G01 指令切槽。

4. 调用螺纹刀，利用 G92 加工螺纹。

5. 利用切槽刀切断工件并倒后面的倒角，控制总长。

6. 回换刀点，程序结束。

五、注意事项

1. 螺纹加工的刀尖圆弧不能太大，否则影响牙型。

2. 安装螺纹刀时，必须要用对刀样板。

3. 对刀时候要注意编程零点和对刀零点的位置。

4. 严格按照操作规程操作。

5. 发生事故时候应该沉着、积极配合工作人员处理。

六、参考程序（略）

实训任务七

一、实训目的

1. 巩固、熟练与提高工艺知识、编程能力和操作技能，掌握圆弧的加工方法。

2. 熟悉加工时出现质量异常的原因，提出解决问题的具体措施。

3. 掌握槽的编程和加工方法，掌握螺纹的编程。

二、零件图

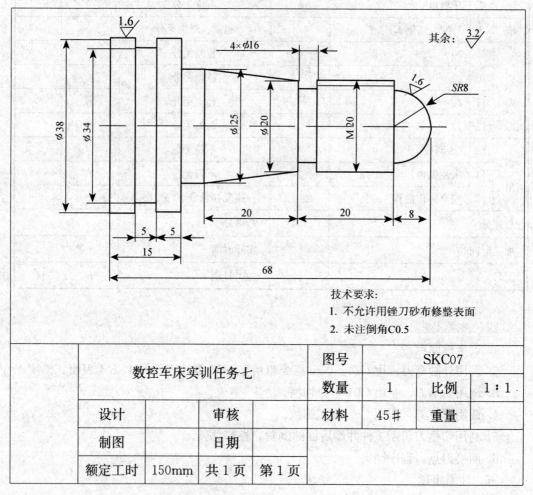

技术要求：

1. 不允许用锉刀砂布修整表面

2. 未注倒角C0.5

数控车床实训任务七			图号	SKC07		
			数量	1	比例	1∶1
设计		审核	材料	45#	重量	
制图		日期				
额定工时	150mm	共1页	第1页			

三、评分表

单位				准考证号		姓名	
检测项目		技术要求		配分	评分标准	检测结果	得分
外圆	1	∅38	Ra 1.6	6/4	超差0.01扣4分、降级无分		
	2	∅25	Ra 3.2	6/4	超差扣分		
	3	∅34	锥度 Ra 1.6	6/4	超差扣分		

续表

单位			准考证号		姓名	
检测项目		技术要求	配分	评分标准	检测结果	得分
圆弧	4	R 8　　　　Ra 1.6	8/4	超差、降级无分		
螺纹	5	M20	15	超差扣分		
	6	牙型角	6	不符无分		
槽	7	4×ø16　两侧 Ra 3.2	4/4	超差、降级无分		
长度	8	68	4	超差无分		
	9	20	4	超差无分		
	10	20	4	超差无分		
	11	8	4	超差无分		
	12	15	4	超差无分		
其他	13	锥度	7	不符无分		
	14	未注倒角	2	不符无分		
	15	安全操作规程		违反扣总分 10 分/次		
总评分			100	总得分		
加工时间				实际时间		
图号				加工日期	年 月 日	

四、参考工艺

1. 设坐标原点。

2. 调用外圆车刀，用 G71、G70 指令粗精车 M20 螺纹表面 ø25、ø38、R 8 表面、锥度。

3. 调用切槽刀，利用 G01 指令切槽。

4. 调用螺纹刀，利用 G92 加工螺纹。

5. 利用切槽刀切断工件，控制总长。

6. 回换刀点，程序结束。

五、注意事项

1. 螺纹加工的刀尖圆弧不能太大，否则影响牙型。

2. 安装螺纹刀时，必须要用对刀样板。

3. 对刀时候要注意编程零点和对刀零点的位置。

4. 严格按照操作规程操作。

5. 发生事故时候应该沉着、积极配合工作人员处理。

六、参考程序（略）

实训任务八

一、实训目的

1. 掌握 G72 的编程和加工方法。

2. 熟悉掌握螺纹的加工工艺和对刀方法。

二、零件图

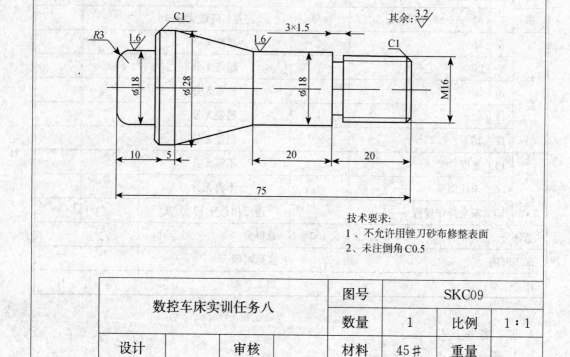

技术要求:

1、不允许用锉刀砂布修整表面

2、未注倒角C0.5

数控车床实训任务八		图号	SKC09		
		数量	1	比例	1∶1
设计	审核	材料	45#	重量	
制图	日期				
额定工时	150min	共 1 页	第 1 页		

三、评分表

单位				准考证号			姓名	
检测项目		技术要求		配分	评分标准		检测结果	得分
外圆	1	∅28	Ra 1.6	6/4	超差 0.01 扣 4 分、降级无分			
	2	∅18	Ra 1.6	6/4	超差扣分			
	3	∅18	Ra 1.6	6/4	超差扣分			
圆弧	4	R 3	Ra 3.2	6/4	超差、降级无分			
螺纹	5	M16		15	超差扣分			
	6	牙型角		6	不符无分			

单位			准考证号			姓名	
检测项目		技术要求	配分	评分标准		检测结果	得分
槽	7	3×1.5　两侧 *Ra* 3.2	4/4	超差、降级无分			
长度	8	75	5	超差无分			
	9	20	5	超差无分			
	10	20	5	超差无分			
	11	10	5	超差无分			
其他	12	C1 两处	4	不符无分			
	13	锥度	7	不符无分			
	14	安全操作规程		违反扣总分 10 分/次			
总评分			100	总得分			
加工时间				实际时间			
图号				加工日期		年　月　日	

四、参考工艺

1. 设坐标原点。

2. 调用外圆车刀，用 G71、G70 指令粗精车 M16 螺纹表面、ø18、ø28、锥度。

3. 调用切槽刀，利用 G01 指令切槽。

4. 调用螺纹刀，利用 G92 加工螺纹。

5. 利用切槽刀用 G72 加工后面部分的圆弧，切断工件，控制总长。

6. 回换刀点，程序结束。

五、注意事项

1. 螺纹加工的刀尖圆弧不能太大，否则影响牙型。

2. 安装螺纹刀时，必须要用对刀样板。

3. 对刀时候要注意编程零点和对刀零点的位置。

4. 利用 G72 加工时候应注意控制好进给率。

5. 严格按照操作规程操作。

6. 发生事故时候应该沉着、积极配合工作人员处理。

六、参考程序（略）

实训任务九

一、实训目的

1. 掌握形面的加工工艺及编程技巧。
2. 了解单独车螺纹时中途对刀方法。

二、零件图

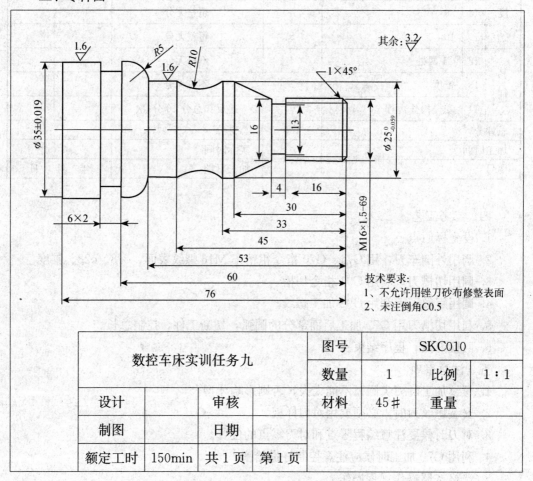

数控车床实训任务九		图号		SKC010	
		数量	1	比例	1：1
设计	审核	材料	45#	重量	
制图	日期				
额定工时	150min	共 1 页	第 1 页		

技术要求：
1、不允许用锉刀砂布修整表面
2、未注倒角C0.5

三、评分表

单位				准考证号			姓名	
检测项目		技术要求		配分	评分标准		检测结果	得分
外	1	ø35	Ra 1.6	6/4	超差 0.01 扣 4 分、降级无分			
圆	2	ø25	Ra 3.2	6/4	超差扣分			
圆	3	R 5	Ra 1.6	6/4	超差、降级无分			
弧	4	R 10	Ra 1.6	6/4	超差、降级无分			

单位			准考证号			姓名	
检测项目		技术要求	配分		评分标准	检测结果	得分
螺纹	5	M16×1.5	15		超差扣分		
纹	6	牙型角	6		不符无分		
槽	7	4×1.5　两侧 Ra 3.2	4/4		超差、降级无分		
长度	8	76	4		超差无分		
	9	60	3		超差无分		
	10	53	3		超差无分		
	11	45	3		超差无分		
	12	33	3		超差无分		
	13	30	3		超差无分		
其他	14	倒角	4		不符无分		
	15	锥度	7		不符无分		
	16	安全操作规程			违反扣总分 10 分/次		
总评分			100		总得分		
加工时间					实际时间		
图号					加工日期	年　月　日	

四、参考工艺

1. 设坐标原点。

2. 调用外圆车刀，用 G71、G70 指令粗精车 M16 螺纹表面、ø35、ø25、R 5 表面、锥度。

3. 调用切槽刀，利用 G01 指令切槽。

4. 调用螺纹刀，利用 G92 加工螺纹。

5. 利用 G73 加工凹圆弧。

6. 利用切槽刀切断工件并倒后面的倒角，控制总长。

7. 回换刀点，程序结束。

五、注意事项

1. 螺纹加工的刀尖圆弧不能太大，否则影响牙型。

2. 安装螺纹刀时，必须要用对刀样板。

3. 对刀时候要注意编程零点和对刀零点的位置。

4. 严格按照操作规程操作。

5. 发生事故时候应该沉着、积极配合工作人员处理。

六、参考程序（略）

实训任务十

一、实训目的

1. 熟练掌握螺纹的加工工艺及加工质量的控制。

2. 熟练掌握圆弧的编程和加工方法，掌握编程中的数学计算。

二、零件图

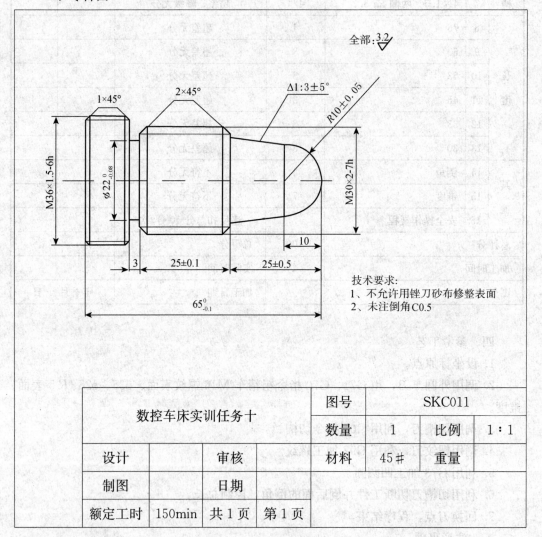

全部：$\frac{3.2}{\bigtriangledown}$

$1\times45°$ $2\times45°$ $\Delta1:3\pm5°$ $R10\pm0.05$

$M36\times1.5\text{-}6h$ $\phi22_{-0.08}^{0}$ $M30\times2\text{-}7h$

3 25 ± 0.1 25 ± 0.5 10

$65_{-0.1}^{0}$

技术要求：
1、不允许用锉刀砂布修整表面
2、未注倒角C0.5

数控车床实训任务十		图号	SKC011		
		数量	1	比例	1：1
设计		审核		材料	45#	重量	
制图		日期					
额定工时	150min	共1页	第1页				

三、评分表

单位				准考证号			姓名	
检测项目		技术要求		配分	评分标准		检测结果	得分
外圆	1	$\phi22$ *Ra* 3.2		6/4	超差0.01扣4分、降级无分			

单位			准考证号		姓名	
检测项目		技术要求	配分	评分标准	检测结果	得分
圆弧	2	R 10　　　Ra 3.2	8/4	超差、降级无分		
螺纹	3	M36×1.5	13	超差扣分		
	4	M30×2	13	超差扣分		
	5	牙型角	6	不符无分		
槽	6	4×3　　　两侧 Ra 3.2	4/4	超差、降级无分		
长度	7	65	6	超差无分		
	8	25	6	超差无分		
	9	25	6	超差无分		
	10	10	6	超差无分		
其他	11	锥度	8	不符无分		
	12	倒角（四处）	8	不符无分		
	13	安全操作规程		违反扣总分 10 分/次		
总评分			100	总得分		
加工时间				实际时间		
图号				加工日期	年　月　日	

四、参考工艺

1. 设坐标原点。

2. 调用外圆车刀，用 G71、G70 指令粗精车 M36、M30 螺纹表面、圆弧、锥度。

3. 调用切槽刀，利用 G01 指令切两个螺纹退刀槽。

4. 调用螺纹刀，利用 G92 或 G76 加工螺纹。

5. 利用切槽刀切断工件并倒后面的倒角，控制总长。

6. 回换刀点，程序结束。

五、注意事项

1. 螺纹加工的刀尖圆弧不能太大，否则影响牙型。

2. 安装螺纹刀时，必须要用对刀样板。

3. 对刀时候要注意编程零点和对刀零点的位置。

4. 严格按照操作规程操作。

5. 发生事故时候应该沉着、积极配合工作人员处理。

六、参考程序（略）

实训任务十一

一、实训目的

1. 掌握无退刀槽螺纹及圆弧的加工方法。

2. 巩固、提高编程中的数学处理能力。

二、零件图

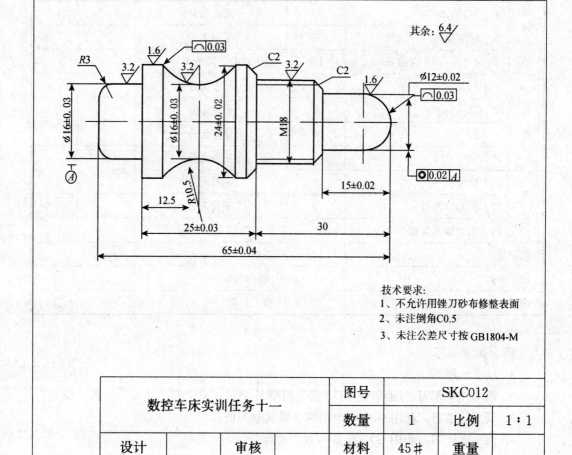

技术要求：
1、不允许用锉刀砂布修整表面
2、未注倒角C0.5
3、未注公差尺寸按 GB1804-M

数控车床实训任务十一		图号		SKC012	
		数量	1	比例	1∶1
设计	审核	材料	45#	重量	
制图	日期				
额定工时	150mm	共1页	第1页		

三、评分表

单位			准考证号			姓名	
检测项目		技术要求		配分	评分标准	检测结果	得分
外	1	ø24	尺寸	12	超差0.01扣3分		
圆	2		Ra	3	降一级扣2分		

续表

单位				准考证号		姓名	
检测项目		技术要求		配分	评分标准	检测结果	得分
外圆	3	ø12	尺寸	12	超差 0.01 扣 3 分		
	4		Ra	3	降一级扣 2 分		
	5	ø16	尺寸	10	超差 0.01 扣 3 分		
	6		Ra	2	降一级扣 2 分		
长度	7	65		5	超差 0.01 扣 2 分		
	8	25		5	超差 0.01 扣 2 分		
球面	9	R3	Ra	3	降一级扣 2 分		
	10	R 6	Ra	3	降一级扣 2 分		
	11	R 10.5	ø16	9	超差 0.01 扣 3 分		
			Ra	3	降一级扣 2 分		
螺纹	12	M18		12	不合格不得分		
	13		Ra	3	降一级扣 2 分		
形位公差	14	圆度	R 6	5	超差 0.01 扣 2 分		
	15		R 10.5	5	超差 0.01 扣 2 分		
	16	同心度		5	超差 0.01 扣 2 分		
	17	安全操作规程			违反扣总分 10 分/次		
总评分				100	总得分		
加工时间					实际时间		
图号					加工日期	年　月　日	

四、参考工艺

1. 设坐标原点。

2. 调用外圆车刀，用 G71、G70 指令粗精车前部分 ø12、ø24 外圆、M18 螺纹表面、R6 半球面和到角。

3. 调用螺纹刀，利用 G92 加工螺纹。

4. 调用螺纹车刀，利用 G73 把圆弧加工出来。

5. 利用切槽刀切断用 G72 把后半段的圆弧和 ø16 部分加工出来，最后切断。

6. 回换刀点，程序结束。

五、注意事项

1. 螺纹加工的刀尖圆弧不能太大，否则影响牙型，注意加工没有退刀槽的螺纹。

2. 安装螺纹刀时，必须要用对刀样板。

3. 对刀时候要注意编程零点和对刀零点的位置。

4. 调用切槽刀，用 G72 加工时候应注意刀宽和对刀的刀尖。

5. 严格按照操作规程操作。

6. 发生事故时候应该沉着、积极配合工作人员处理。

六、参考程序（略）

实训任务十二

一、实训目的

1. 巩固、熟练与提高工艺知识、编程能力和操作技能，掌握圆弧的加工方法。

2. 熟悉加工时出现质量异常的原因，提出解决问题的具体措施。

二、零件图

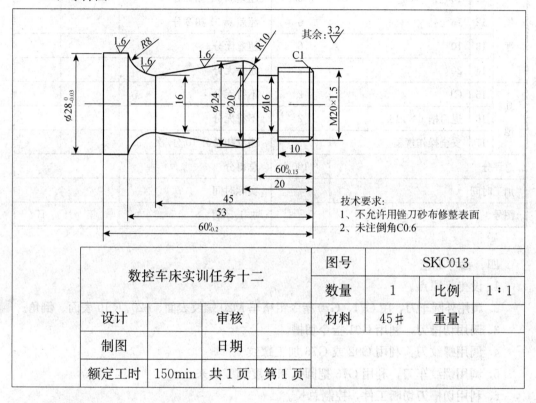

技术要求:
1、不允许用锉刀砂布修整表面
2、未注倒角C0.6

数控车床实训任务十二		图号		SKC013	
		数量	1	比例	1:1
设计		审核			
		材料	45#	重量	
制图		日期			
额定工时	150min	共1页	第1页		

三、评分表

单位				准考证号			姓名	
检测项目		技术要求		配分	评分标准		检测结果	得分
外 圆	1	$\phi 28^{0}_{-0.033}$	尺寸	10	超差0.01扣2分			
	2		Ra 1.6	4	Ra>1.6扣2分，Ra>3.2全扣			
	3	$\phi 24$	尺寸	10	超差0.01扣2分			
	4		Ra 1.6	4	Ba>1.6扣2分，Ra>3.2全扣			
圆 锥	5		尺寸	10	超差0.01扣2分			
	6		Ra 1.6	4	Ra>1.6扣2分，Ra>3.2全扣			
螺 纹	7	M20×1.5（止通规检查）		16	止通规检查不满足要求无分			
	8	Ra 3.2		4	Ra>3.2扣2分，Ra>6.3全扣			

单位			准考证号			姓名	
检测项目		技术要求	配分	评分标准		检测结果	得分
圆弧	9	$R8$	尺寸	10	超差无分		
	10		$Ra\,1.6$	4	$Ra>1.6$扣2分，$Ra>3.2$全扣		
长度	11	$16^{0}_{-0.15}$		6	超差0.01扣2分		
	12	$16^{0}_{-0.2}$		6	超差0.01扣2分		
	13	10		6	超差无分		
	14	20		2	超差无分		
其他	15	C1		2	不符无分		
	16	退刀槽 6×ø16		2	不符无分		
	17	安全操作规程			违反扣总分10分/次		
总评分			100	总得分			
加工时间				实际时间			
图号				加工日期		年　月　日	

四、参考工艺

1. 设坐标原点。

2. 调用外圆车刀，用 G71、G70 指令粗精车 M20 螺纹表面、ø20、$R10$ 表面、倒角。

3. 调用切槽刀，利用 G01 指令切槽。

4. 调用螺纹刀，利用 G92 或 G76 加工螺纹。

5. 调用螺纹车刀，利用 G73 把圆弧和锥度加工出来。

6. 利用切槽刀切断工件，控制总长。

7. 回换刀点，程序结束。

五、注意事项

1. 螺纹加工的刀尖圆弧不能太大，否则影响牙型。

2. 安装螺纹刀时，必须要用对刀样板。

3. 对刀时候要注意编程零点和对刀零点的位置。

4. 严格按照操作规程操作。

5. 发生事故时候应该沉着、积极配合工作人员处理。

六、参考程序（略）

实训任务十三

一、实训目的

1. 巩固、熟练与提高工艺知识、编程能力和操作技能。
2. 掌握圆弧的加工方法和加工技巧及加工精度的控制。

二、零件图

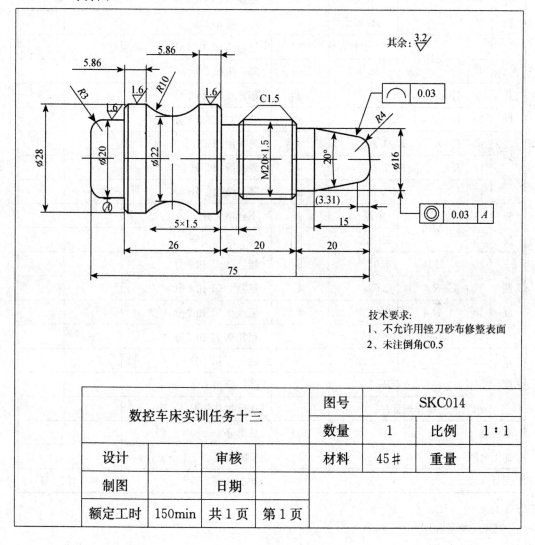

其余 $\sqrt{\dfrac{3.2}{}}$

技术要求:
1、不允许用锉刀砂布修整表面
2、未注倒角C0.5

数控车床实训任务十三		图号	SKC014		
		数量	1	比例	1∶1
设计	审核	材料	45#	重量	
制图	日期				
额定工时	150min	共1页	第1页		

三、评分表

单位				准考证号			姓名	
检测项目		技术要求		配分	评分标准		检测结果	得分
外	1	ø28	尺寸	9	超差0.01扣3分			
圆	2		Ra 1.6	3	降一级扣2分			

单位			准考证号			姓名	
检测项目		技术要求	配分	评分标准		检测结果	得分
外圆	3	ø22 尺寸	6	超差 0.02 扣 2 分			
	4	ø22 Ra 3.2	2	降一级扣 1 分			
	5	ø20 尺寸	9	超差 0.01 扣 3 分			
	6	ø20 Ra 3.2	2	降一级扣 1 分			
	7	ø16 尺寸	9	超差 0.01 扣 3 分			
	8	ø16 Ra 1.6	3	降一级扣 2 分			
长度	9	75 ± 0.03	5	超差 0.01 扣 1 分			
	10	26 ± 0.03	4	超差 0.01 扣 1 分			
圆弧	11	R 10　　Ra 3.2	3	降一级扣 2 分			
	12	R 4　　Ra 3.2	6	降一级扣 2 分			
	13	R 3　　Ra 3.2	3	降一级扣 1 分			
螺纹	14	M20 中径	9	不合格无分			
	15	M20 Ra 3.2	3	降一级扣 2 分			
圆度	16	R 10　0.03	5	超差 0.01 扣 2 分			
	17	R 4　0.03	4	超差 0.01 扣 2 分			
	18	R 3　0.03	4	超差 0.01 扣 2 分			
	19	同心度　0.03	5	超差 0.01 扣 2 分			
锥度	20	20° $\pm2'$	5	超差 $1'$ 扣 2 分			
	21	20° Ra 1.6	2	降一级扣 1 分			
	22	安全操作规程		违反扣总分 10 分/次			
总评分			100	总得分			
加工时间				实际时间			
图号				加工日期		年　月　日	

四、参考工艺

1. 设坐标原点。

2. 调用外圆车刀，用 G71、G70 粗精车 ø28、ø16 外圆、M20 螺纹表面、R 4 表面、锥面。

3. 调用切槽刀，利用 G01 指令切槽和倒角。

4. 调用螺纹刀，利用 G92 加工螺纹。

5. 调用螺纹车刀，利用 G73 把圆弧加工出来。

6. 调用切槽刀，先切一个槽，后利用 G72 把后部分的圆弧加工出来。

7. 利用切槽刀切断工件，控制总长。

8. 回换刀点，程序结束。

五、注意事项

1. 螺纹加工的刀尖圆弧不能太大，否则影响牙型。

2. 安装螺纹刀时，必须要用对刀样板。

3. 对刀时候要注意编程零点和对刀零点的位置。

4. 严格按照操作规程操作。

5. 发生事故时候应该沉着、积极配合工作人员处理。

六、参考程序

	O0014				
	O0014	N19	G00 X30 Z-36 (刀宽 4)	N38	G70 P34 Q37
N01	G00 X100 Z100	N20	G01 X17 F20	N39	G00 X100 Z100
N02	M03 S600 T0100	N21	G00 X100	N40	T0202
N03	C00 X32 Z2	N22	Z100	N41	G00 X30 Z-75
N04	G71 U2 R1	N23	T0303 (螺纹刀)	N42	G01 X14 F20
N05	G71 P06 Q15 U0.5 W0 F60	N24	G00 X20 Z-18	N43	G00 X30
N06	G00 X4.62	N25	G92 X19.8 Z-37 F1.5	N44	G72 W2 R1
N07	G01 Z0	N26	X19	N45	G72 P46 Q52 U0.5 F20
N08	G03 X11.88 Z-3.31 R4	N27	X18.4	N46	G00 Z-65
N09	G01 X16 Z-15	N28	X18.1	N47	G01 X28
N10	Z-20	N29	X18.05	N48	X26 Z-66
N11	X17.8	N30	G00 X30	N49	X20
N12	X19.8 Z-21	N31	Z-45.86	N50	Z-72
N13	Z-40	N32	G73 U4 W1 R8	N51	G03 X14 Z-75 R3
N14	X28	N33	G73 P34 Q37 U0.4 F40	N52	G01 X28
N15	Z-81	N34	G01 X28	N53	G70 P46 Q52
N16	G70 P06 Q15	N35	Z-45.86	N54	G01 X-1 F20 S300
N17	G00 X100 Z100	N36	G02 X28 Z-60.14 R10	N55	G00 X100 Z100
N18	T0202 (切断刀右 4mm)	N37	G01 Z-66	N56	T0100 M30

第四章　中级数控车工知识模拟考题

练习题一

一、单项选择（第 1～160 题。选择一个正确的答案，将相应的字母填入题内的括号中。每题 0.5 分，满分 80 分。）

1. 职业道德是（　　）。

   A. 社会主义道德体系的重要组成部分　　B. 保障从业者利益的前提

   C. 劳动合同订立的基础　　D. 劳动者的日常行为规则

2. 职业道德基本规范不包括（　　）。

   A. 遵纪守法廉洁奉公　　B. 公平竞争，依法办事

   C. 爱岗敬业忠于职守　　D. 服务群众奉献社会

3. 敬业就是以一种严肃认真的态度对待工作，下列不符合的是（　　）。

   A. 工作勤奋努力　　B. 工作精益求精

   C. 工作以自我为中心　　D. 工作尽心尽力

4. 遵守法律法规要求（　　）。

   A. 积极工作　　B. 加强劳动协作

   C. 自觉加班　　D. 遵守安全操作规程

5. 具有高度责任心不要求做到（　　）。

   A. 方便群众，注重形象　　B. 责任心强，不辞辛苦

   C. 尽职尽责　　D. 工作精益求精

6. 不爱护设备的做法是（　　）。

   A. 定期拆装设备　　B. 正确使用设备

   C. 保持设备清洁　　D. 及时保养设备

7. 保持工作环境清洁有序不正确的是（　　）。

   A. 优化工作环境　　B. 工作结束后再清除油污

   C. 随时清除油污和积水　　D. 整洁的工作环境可以振奋职工精神

8. 基本尺寸是（　　）。

　　A. 测量时得到的　　　　　　　　　　B. 加工时得到的

　　C. 装配后得到的　　　　　　　　　　D. 设计时给定的

9. 线性尺寸一般公差规定的精度等级为粗糙级的等级是（　　）。

　　A. f 级　　　　　　B. m 级　　　　　　C. c 级　　　　　　D. v 级

10. 在给定一个方向时，平行度的公差带是（　　）。

　　A. 距离为公差值 t 的两平行直线之间的区域

　　B. 直径为公差值 t，且平行于基准轴线的圆柱面内的区域

　　C. 距离为公差值 t，且平行于基准平面（或直线）的两平行平面之间的区域

　　D. 正截面为公差值 $t_1 \cdot t_2$，且平行于基准轴线的四棱柱内的区域

11. 评定表面粗糙度时，一般在横向轮廓上评定，其理由是（　　）。

　　A. 横向轮廓比纵向轮廓的可观察性好

　　B. 横向轮廓上表面粗糙度比较均匀

　　C. 在横向轮廓上可得到高度参数的最小值

　　D. 在横向轮廓上可得到高度参数的最大值

12. 退火可分为完全退火、（　　）退火和去应力退火等。

　　A. 片化　　　　　　B. 团絮化　　　　　　C. 球化　　　　　　D. 网化

13. 正火的目的之一是（　　）。

　　A. 形成网状渗碳体　　　　　　　　　　B. 提高钢的密度

　　C. 提高钢的熔点　　　　　　　　　　　D. 消除网状渗碳体

14. 亚共析钢淬火加热温度为（　　）。

　　A. Acm＋30～50℃　　　　　　　　　B. Ac3＋30～50℃

　　C. Ac1＋30～50℃　　　　　　　　　　D. Ac2＋30～50℃

15. （　　）用于起重机械中提升重物。

　　A. 起重链　　　　　　B. 牵引链　　　　　　C. 传动链　　　　　　D. 动力链

16. 螺旋传动主要由螺杆、螺母和（　　）组成。

　　A. 螺栓　　　　　　B. 螺钉　　　　　　C. 螺柱　　　　　　D. 机架

17. 按用途不同螺旋传动可分为传动螺旋、（　　）和调整螺旋三种类型。

　　A. 运动螺旋　　　　　　B. 传力螺旋　　　　　　C. 滚动螺旋　　　　　　D. 滑动螺旋

18. 刀具材料的工艺性包括刀具材料的热处理性能和（　　）性能。

　　A. 使用　　　　　　B. 耐热性　　　　　　C. 足够的强度　　　　　　D. 刃磨

19. （　　）是在钢中加入较多的钨、钼、铬、钒等合金元素，用于制造形状复杂的切削刀具。

    A. 硬质合金　　　B. 高速钢　　　C. 合金工具钢　　　D. 碳素工具钢

20. 常用高速钢的牌号有（　　）。

    A. YG8　　　　B. A3　　　　C. W18Cr4V　　　D. 20

21. 不属于刀具几何参数的是（　　）。

    A. 切削刃　　　B. 刀杆直径　　　C. 刀面　　　D. 刀尖

22. 测量精度为0.05mm的游标卡尺，当两测量爪并拢时，尺身上19mm对正游标上的（　　）格。

    A. 19　　　　B. 20　　　　C. 40　　　　D. 50

23. 千分尺读数时（　　）。

    A. 不能取下　　　　B. 必须取下
    C. 最好不取下　　　　D. 先取下，再锁紧，然后读数

24. （　　）是用来测量工件内外角度的量具。

    A. 万能角度尺　　B. 内径千分尺　　C. 游标卡尺　　D. 量块

25. 万能角度尺可分为（　　）两种。

    A. 长形和方形　　B. 圆形和扇形　　C. 圆形和弧形　　D. 弧形和扇形

26. 铣削不能加工的表面是（　　）。

    A. 平面　　　B. 沟槽　　　C. 各种回转表面　　D. 成形面

27. 车床主轴的工作性能有（　　）、刚度，热变形、抗振性等。

    A. 回转精度　　B. 硬度　　　C. 强度　　　D. 塑性

28. 减速器箱体加工过程分为平面加工和（　　）两个阶段。

    A. 侧面和轴承孔　B. 底面　　　C. 连接孔　　　D. 定位孔

29. 车床主轴箱齿轮剃齿后热处理方法为（　　）。

    A. 正火　　　B. 回火　　　C. 高频淬火　　D. 表面热处理

30. 90°角尺在划线时常用作划（　　）的导向工具。

    A. 平行线　　B. 垂直线　　　C. 直线　　　D. 平行线、垂直线

31. 应自然地将錾子握正、握稳，其倾斜角始终保持在（　　）左右。

    A. 15°　　　B. 20°　　　C. 35°　　　D. 60°

32. 深缝锯削时，当锯缝的深度超过锯弓的高度应将锯条（　　）。

A. 从开始连续锯到结束　　　　　　B. 转过 90°重新装夹

C. 装得松一些　　　　　　　　　　D. 装得紧一些

33. 锉削时，身体（　　）并与之一起向前。

A. 先于锉刀　　　　B. 后于锉刀　　　C. 与锉刀同时　　　D. 不动

34. 麻花钻的两个螺旋槽表面就是（　　）。

A. 主后刀面　　　　B. 副后刀面　　　C. 前刀面　　　　D. 切削平面

35. 关于主令电器叙述不正确的是（　　）。

A. 按钮只允许通过小电流

B. 按钮不能实现长距离电器控制

C. 行程开关分为按钮式、旋转式和微动式 3 种

D. 行程开关用来限制机械运动的位置或行程

36. 热继电器不具有（　　）。

A. 短路保护功能　　B. 热惯性　　　　C. 机械惯性　　　　D. 过载保护功能

37. 企业的质量方针不是（　　）。

A. 企业总方针的重要组成部分　　　　　B. 规定了企业的质量标准

C. 每个职工必须熟记的质量准则　　　　D. 企业的岗位工作职责

38. 从蜗杆零件的标题栏可知该零件的名称、线数、（　　）。

A. 重量及比例　　B. 材料及比例　　　C. 重量及材料　　　D. 加工工艺

39. （　　）零件在加工时应先将底平面加工好，然后以该面为基准加工各孔和其他高度方向的平面。

A. 箱体类零件　　B. 轴类零件　　　C. 套类零件　　　D. 盘类零件

40. 正等测轴测图的轴间角为（　　）。

A. 90°　　　　　　B. 120°　　　　　　C. 180°　　　　　　D. 45°

41. 斜二测的画法是轴测投影面平行于一个坐标平面，投影方向（　　）于轴测投影面时，即可得到斜二测轴测图。

A. 平行　　　　　　B. 垂直　　　　　　C. 倾斜　　　　　　D. 重合

42. 主轴箱（　　）的张力经轴承座直接传至箱体上，立轴不致受径向力作用而产生弯曲变形，提高了传动的平稳性。

A. V 带轮　　　　B. 传动轴　　　　　C. 中间轴　　　　D. 主轴

43. 主轴箱中双向摩擦片式离合器用于主轴启动和控制正、反转，并可起到（　　）作用。

A. 变速和制动　　B. 过载保护　　C. 升速和降速　　D. 换向和变速

44. 进给箱内传动轴的轴向定位方法，大都采用（　）定位。

A. 一端　　　　B. 两端　　　　C. 两支撑　　　　D. 三支撑

45. （　）内的基本变速机构每个滑移齿轮依次和相邻的一个固定齿轮啮合，而且还要保证在同一时刻内 4 个滑移齿轮和 8 个固定齿轮中只有一组是相互啮合的。

A. 进给箱　　　B. 挂轮箱　　　C. 主轴箱　　　D. 滑板箱

46. 精密丝杠的加工工艺中，要求锻造工件毛坯，目的是使材料晶粒细化、组织紧密、碳化物分布均匀，可提高材料的（　）。

A. 塑性　　　　B. 韧性　　　　C. 强度　　　　D. 刚性

47. （　）是将工件加热到 550℃，保温 7h，然后随炉冷却的过程。

A. 高温时效　　B. 退火　　　　C. 正火　　　　D. 低温时效

48. 被加工表面与（　）平行的工件适用在花盘角铁上装夹加工。

A. 安装面　　　B. 测量面　　　C. 定位面　　　D. 基准面

49. 装夹箱体零件时，夹紧力的作用点应尽量靠近（　）。

A. 加工表面　　B. 基准面　　　C. 毛坯表面　　　D. 定位表面

50. 机械加工工艺规程是规定产品或零部件制造工艺过程和操作方法的（　）。

A. 工艺文件　　B. 工艺规程　　C. 工艺教材　　　D. 工艺方法

51. 以下（　）不是工艺规程的主要内容：

A. 加工零件的工艺路线　　　　B. 各工序加工的内容和要求
C. 采用的设备及工艺装备　　　D. 车间管理条例

52. 确定加工顺序和工序内容、加工方法、划分加工阶段，安排热处理、检验、及其他辅助工序是（　）的主要工作。

A. 拟定工艺路线　B. 拟定加工方法　C. 填写工艺文件　D. 审批工艺文件

53. 在一定的（　）下，以最少的劳动消耗和最低的成本费用，按生产计划的规定，生产出合格的产品是制订工艺规程应遵循的原则。

A. 工作条件　　B. 生产条件　　C. 设备条件　　　D. 电力条件

54. 根据一定的试验资料和计算公式，对影响加工余量的因素进行逐次分析和综合计算，最后确定加工余量的方法就是（　）。

A. 分析计算法　B. 经验估算法　C. 查表修正法　D. 实践操作法

55. 以（　）和实验研究积累的有关加工余量的资料数据为基础，结合实际加工情况进行修正来确定加工余量的方法，称为查表修正法。

A. 理论研究　　　B. 经验估算　　　C. 生产实践　　　D. 平均分配

56. 以下（　　）不是数控车床高速动力卡盘的特点。

A. 高转速　　　B. 操作不方便　　　C. 寿命长　　　D. 夹紧力大

57. 以下（　　）不是数控顶尖具有的优点。

A. 回转精度高　　　B. 转速快　　　C. 承载能力小　　　D. 操作方便

58. 数控顶尖在使用过程中顶尖顶持零件的顶持力不能（　　）。

A. 过大　　　B. 过小　　　C. 控制　　　D. 过大和过小

59. 数控自定心中心架的动力为（　　）传动。

A. 液压　　　B. 机械　　　C. 手动　　　D. 电器

60. 数控车床的（　　）的工位数越多，非加工刀具与工件发生干涉的可能性越大。

A. 链式刀库　　　B. 排式刀架　　　C. 立式刀架　　　D. 转塔式刀架

61. 数控车床的转塔刀架采用（　　）驱动，可进行重负荷切削。

A. 液压马达　　　B. 液压泵　　　C. 气动马达　　　D. 气泵

62. 数控车床的转塔刀架径向刀具多用于（　　）的加工。

A. 外圆　　　B. 端面　　　C. 螺纹　　　D. 以上均可

63. 在平面直角坐标系中，圆的方程是 $(X+30)^2+(Y-25)^2=15^2$。此圆的圆心坐标为（　　）。

A. (-30，25)　　　B. (-30，-25)　　　C. (900，625)　　　D. (-900，-625)

64. 已知两圆的方程，需联立两圆的方程求两圆交点，如果判别式（　　），则说明两圆弧没有交点。

A. △＝0　　　B. △＜0　　　C. △＞0　　　D. 不能判断

65. （　　）的工件适用于在数控机床上加工。

A. 粗加工　　　B. 普通机床难加工　　　C. 毛坯余量不稳定　　　D. 批量大

66. 手工编程时要计算构成零件轮廓的每一个节点的（　　）。

A. 尺寸　　　B. 方向　　　C. 坐标　　　D. 距离

67. 在数控机床上加工加工内容不多，加工完后就能达到待检状态的工件，可按（　　）划分工序。

A. 定位方式　　　B. 所用刀具　　　C. 粗、精加工　　　D. 加工部位

68. 数控加工中，刀具刀位点相对于（　　）运动的轨迹称为进给路线，是编程的重要依据。

    A. 机床   B. 夹具   C. 工件   D. 导轨

69. 陶瓷刀具适用于（   ）工件的加工。

    A. 断续切削   B. 强力切削   C. 铝、镁、钛等合金   D. 连续切削

70. 切削速度的选择，主要取决于（   ）。

    A. 工件余量   B. 刀具材料   C. 刀具耐用度   D. 工件材料

71. 对刀点是数控加工中刀具相对（   ）的起点。

    A. 机床原点   B. 工件   C. 尾架   D. 换刀点

72. 在编制数控加工程序以前，首先应该（   ）。

    A. 设计机床夹具 B. 计算加工尺寸 C. 计算加工轨迹 D. 确定工艺过程

73. 一个完整的程序由（   ）、程序的内容和程序结束三部分构成。

    A. 工件名称   B. 程序号   C. 工件编号   D. 地址码

74. 在 ISO 标准中，G00 是（   ）指令。

    A. 相对坐标   B. 外圆循环   C. 快速点定位   D. 坐标系设定

75. 根据 ISO 标准，当刀具中心轨迹在程序轨迹前进方向右边时称为右刀具补偿，用（   ）指令表示。

    A. G40   B. G41   C. G42   D. G43

76. 在 FANUC 系统中，调出刀具参数使用（   ）键。

    A. POS   B. PRGAM   C. OFFET   D. MENU

77. 程序设计思路正确，内容简单、清晰明了；占用内存小，加工轨迹、切削参数选择合理，说明程序（   ）。

    A. 加工精度高   B. 加工效果好   C. 通用性强   D. 设计质量高

78. FANUC 数控系统中，子程序调用指令为（   ）。

    A. M97   B. M98   C. M99   D. M100

79. 插补误差与数控系统的插补功能及（   ）有关。

    A. 刀具   B. 切削用量   C. 某些参数   D. 机床

80. 平面轮廓表面的零件，宜采用数控（   ）加工。

    A. 铣床   B. 车床   C. 车床   D. 加工中心

81. 在 FANUC 系统中，（   ）指令在编程中用于车削余量大的内孔。

    A. G70   B. G94   C. G90   D. G92

82. 程序段 G90　X52　Z-100　R5　F0.3 中，R5 的含义是（　　）。

　　A. 进刀量　　　　　　　　　　　　　B. 圆锥大、小端的直径差

　　C. 圆锥大、小端的直径差的一半　　　　D. 退刀量

83. 在 FANUC 系统中，G92 是（　　）指令。

　　A. 端面循环　　　B. 外圆循环　　　C. 螺纹循环　　　D. 相对坐标

84. 程序段 G92　X52　Z-100　I3.5　F3 的含义是车削（　　）。

　　A. 外螺纹　　　　B. 锥螺纹　　　　C. 内螺纹　　　　D. 三角螺纹

85. 程序段 G94　X30　Z-5　R3　F0.3 中，R3 的含义是（　　）。

　　A. 外圆的终点　　B. 斜面轴向尺寸　C. 内孔的终点　　D. 螺纹的终点

86. 在 FANUC 系统中，（　　）指令是精加工循环指令。

　　A. G71　　　　　　B. G72　　　　　　C. G73　　　　　　D. G70

87. 程序段 G70　P10　Q20　中，G70 的含义是（　　）加工循环指令。

　　A. 螺纹　　　　　B. 外圆　　　　　C. 端面　　　　　D. 精

88. 棒料毛坯粗加工时，使用（　　）指令可简化编程。

　　A. G70　　　　　　B. G71　　　　　　C. G72　　　　　　D. G73

89. 在 G71P（ns）Q（nf）U（$\triangle u$）W（$\triangle w$）S500 程序格式中，（　　）表示精加工路径的第一个程序段顺序号。

　　A. $\triangle w$　　　　　B. ns　　　　　C. $\triangle u$　　　　　D. nf

90. G71 指令是端面粗加工循环指令，主要用于（　　）毛坯的粗加工。

　　A. 锻造　　　　　B. 铸造　　　　　C. 棒料　　　　　D. 固定形状

91. 在 G72P（ns）Q（nf）U（$\triangle u$）W（$\triangle w$）S500 程序格式中，（　　）表示精加工路径的第一个程序段顺序号。

　　A. $\triangle w$　　　　　B. ns　　　　　C. $\triangle u$　　　　　D. nf

92. （　　）指令是固定形状粗加工循环指令，主要用于锻造、铸造毛坯的粗加工。

　　A. G70　　　　　　B. G71　　　　　　C. G72　　　　　　D. G73

93. 在 G73P（ns）Q（nf）U（$\triangle u$）W（$\triangle w$）S500 程序格式中，（　　）表示精加工路径的第一个程序段顺序号。

　　A. $\triangle w$　　　　　B. ns　　　　　C. $\triangle u$　　　　　D. nf

94. 在 FANUC 系统中，（　　）指令是间断纵向加工循环指令。

　　A. G71　　　　　　B. G72　　　　　　C. G73　　　　　　D. G74

95. 间断端面加工时，使用（　　）指令可简化编程，利于排屑。

　　A. G72　　　　　　　B. G73　　　　　　　C. G74　　　　　　　D. G75

96. 在 G75　X80　Z-120　P10　Q5　R1　F0.3 程序格式中，（　　）表示阶台长度。

　　A. 80　　　　　　　　B. -120　　　　　　　C. 5　　　　　　　　D. 10

97. 螺纹加工时，使用（　　）指令可简化编程。

　　A. G73　　　　　　　B. G74　　　　　　　C. G75　　　　　　　D. G76

98. 在 G75　X（U）　Z（W）　R（i）　P（K）Q（Δd）　程序格式中，
（　　）表示第一刀的背吃刀量。

　　A. K　　　　　　　　B. Δd　　　　　　　　C. Z　　　　　　　　D. R

99. FANUC 系统中（　　）必须在操作面板上预先按下"选择停止开关"时才起
作用。

　　A. M01　　　　　　　B. M00　　　　　　　C. M02　　　　　　　D. M30

100. FANUC 系统中（　　）用于程序全部结束，切断机床所有动作。

　　A. M00　　　　　　　B. M01　　　　　　　C. M02　　　　　　　D. M03

101. FANUC 系统中（　　）表示从尾架方向看，主轴以顺时针方向旋转。

　　A. M04　　　　　　　B. M01　　　　　　　C. M03　　　　　　　D. M05

102. FANUC 系统中，M20 指令是（　　）指令。

　　A. 夹盘松　　　　　B. 切削液关　　　　C. 切削液开　　　　D. 空气开

103. FANUC 系统中，M08 指令是（　　）指令。

　　A. 夹盘松　　　　　B. 切削液关　　　　C. 切削液开　　　　D. 空气开

104. FANUC 系统中，（　　）指令是夹盘松指令。

　　A. M08　　　　　　　B. M10　　　　　　　C. M09　　　　　　　D. M11

105. FANUC 系统中，M21 指令是（　　）指令。

　　A. Y 轴镜像　　　　B. 镜像取消　　　　C. X 轴镜像　　　　D. 空气开

106. FANUC 系统中，（　　）指令是镜像取消指令。

　　A. M06　　　　　　　B. M10　　　　　　　C. M22　　　　　　　D. M23

107. FANUC 系统中，M33 指令是（　　）后退指令。

　　A. 尾架顶尖　　　　B. 尾架　　　　　　C. 刀架　　　　　　D. 溜板

108. FANUC 系统中，M98 指令是（　　）指令。

　　A. 主轴低速范围　　B. 调用子程序　　　C. 主轴高速范围　　D. 子程序结束

109. 检查屏幕上 ALARM，可以发现 NC 出现故障的（　　）。

　　A. 报警内容　　　　B. 报警时间　　　　C. 排除方法　　　　D. 注意事项

110. 当机床出现故障时，报警信息显示 2003，此故障的内容是（　　）。

　　A. $-X$ 方向超程　B. $-Z$ 方向超程　C. $+Z$ 方向超程　D. $+X$ 方向超程

111. 检查各种防护装置是否齐全有效是数控车床（　　）需要检查保养的内容。

　　A. 每年　　　　　　B. 每月　　　　　　C. 每周　　　　　　D. 每天

112. 数控车床每周需要检查保养的内容是（　　）。

　　A. 主轴皮带　　　　B. 滚珠丝杠　　　　C. 电器柜过滤网　　D. 冷却油泵过滤器

113. 数控车床润滑装置是（　　）需要检查保养的内容。

　　A. 每天　　　　　　B. 每周　　　　　　C. 每个月　　　　　D. 一年

114. 数控车床主轴孔振摆是（　　）需要检查保养的内容。

　　A. 每天　　　　　　B. 每周　　　　　　C. 每个月　　　　　D. 六个月

115. 数控车床卡盘夹紧力的大小靠（　　）调整。

　　A. 变量泵　　　　　B. 溢流阀　　　　　C. 换向阀　　　　　D. 减压阀

116. 数控车床液压系统中的液压泵是液压系统的（　　）。

　　A. 执行元件　　　　B. 控制元件　　　　C. 操纵元件　　　　D. 动力源

117. 数控车床液压系统中液压马达的工作原理与（　　）相反。

　　A. 液压泵　　　　　B. 溢流阀　　　　　C. 换向阀　　　　　D. 调压阀

118. 当液压系统中单出杆液压缸无杆腔进压力油时推力（　　），速度（　　）。

　　A. 小，低　　　　　B. 大，高　　　　　C. 大，低　　　　　D. 小，高

119. 程序段 G71 P0035 Q0060 U4.0 W2.0 S500 是（　　）循环指令。

　　A. 精加工　　　　　B. 外径粗加工　　　C. 端面粗加工　　　D. 固定形状粗加工

120. 程序段 G71 P0035 Q0060 U4.0 W2.0 S500 中，P0035 的含义是（　　）。

　　A. 精加工路径的第一个程序段顺序号　　B. 最低转速
　　C. 退刀量　　　　　　　　　　　　　　D. 精加工路径的最后一个程序段顺序号

121. 程序段 G72 P0035 Q0060 U4.0 W2.0 S500 中，U4.0 的含义是（　　）。

　　A. X 轴方向的精加工余量（直径值）　　B. X 轴方向的精加工余量（半径值）
　　C. X 轴方向的背吃刀量　　　　　　　　D. X 轴方向的退刀量

122. 程序段 G73 P0035 Q0060 U1.0 W0.5 F0.3 是（　　）循环指令。

　　A. 精加工　　　　　B. 外径粗加工　　　C. 端面粗加工　　　D. 固定形状粗加工

123. 程序段 G73 P0035 Q0060 U1.0 W0.5 F0.3 中，Q0060 的含义是（　　）。

　　A. 精加工路径的最后一个程序段顺序号　　B. 最高转速

　　C. 进刀量　　　　　　　　　　　　　　D. 精加工路径的第一个程序段顺序号

124. 程序段 G74 Z−80.0 Q20.0 F0.15 中，Z−80.0 的含义是（　　）。

　　A. 钻孔深度　　　　B. 阶台长度　　　　C. 走刀长度　　　　D. 以上均错

125. （　　）是间断端面切削循环指令，用于外沟槽加工。

　　A. G75　　　　　　B. G71　　　　　　C. G72　　　　　　D. G73

126. 程序段 G75 X20.0 P5.0 F0.15 中，P5.0 的含义是（　　）。

　　A. 沟槽深度　　　　　　　　　　　　B. X 方向的退刀量

　　C. X 方向的间断切削深度　　　　　　D. X 方向的进刀量

127. 数控机床紧急停止按扭的英文是（　　）。

　　A. CYCLE　　　　　　　　　　B. EMERGENCY STOP

　　C. TEMPORARY STOP　　　　　D. POWER OFF

128. 数控机床（　　）时，模式选择开关应放在 JOG FEED。

　　A. 快速进给　　　B. 回零　　　　C. 手动数据输入　　D. 手动进给

129. 数控机床（　　）后，必须回零。

　　A. 换刀　　　　　B. 加工　　　　C. 通电　　　　　D. 断电

130. 数控机床（　　）时模式选择开关应放在 MDI。

　　A. 快速进给　　　B. 手动数据输入　　C. 回零　　　　D. 手动进给

131. 数控机床自动状态时模式选择开关应放在（　　）。

　　A. AUTO　　　B. MDI　　　C. ZERO RETURN　　　D. HANDLE FEED

132. 数控机床编辑状态时模式选择开关应放在（　　）。

　　A. AUTO　　　B. PRGRM　　C. ZERO RETURN　　　D. EDIT

133. 数控机床的快速进给速率选择的倍率对手动脉冲发生器的速率（　　）。

　　A. 25%有效　　　B. 50%有效　　　C. 无效　　　　D. 100%有效

134. 当数控机床的手动脉冲发生器的选择开关位置在 X100 时，手轮的进给单位是（　　）。

　　A. 0.1mm/格　　　B. 0.001mm/格　　C. 0.01mm/格　　D. 1mm/格

135. 数控机床的主轴速度控制盘对主轴速率的控制范围是（　　）。

　　A. 60%～120%　　B. 70%～150%　　C. 50%～100%　　D. 60%～200%

136. 当模式选择开关在（　　）状态时，数控机床的刀具指定开关有效。

　　A. SPINDLE　OVERRIDE　　　　　　　B. JOG　FEED

　　C. RAPID　TRAVERSE　　　　　　　　D. ZERO　RETURN

137. 数控机床的尾座套筒开关的英文是（　　）。

　　A. GEARE　　　　B. SP　INDLE　　　C. COOLANT　　　D. SLEEVE

138. 数控机床的程序保护开关的处于（　　）位置时，不能对程序进行编辑。

　　A. OFF　　　　　　B. IN　　　　　　C. OUT　　　　　　D. ON

139. 数控机床的条件信息指示灯（　　）亮时，说明按下急停按扭。

　　A. EMERGENCY　STOP　　　　　　　B. ERROR

　　C. START　CONDITION　　　　　　　D. MILLING

140. 数控机床的单段执行开关扳到（　　）时，程序连续执行。

　　A. OFF　　　　　　B. ON　　　　　　C. IN　　　　　D. SINGLE　BLOCK

141. 数控机床的块删除开关扳到（　　）时，程序执行所有命令。

　　A. BLOCK　DELETE　　　B. ON　　　　C. OFF　　　　　D. 不能判断

142. 数控机床机床锁定开关的作用是（　　）。

　　A. 程序保护　　　B. 试运行程序　　　C. 关机　　　D. 屏幕坐标值不变化

143. 使用内径百分表可以测量深孔件的（　　）。

　　A. 尺寸精度　　　B. 圆度精度　　　C. 圆柱度　　　D. 以上均可

144. 偏心距较大的工件，不能采用直接测量法测出偏心距，这时可用百分表和千分尺采用（　　）法测出。

　　A. 相对测量　　　B. 形状测量　　　C. 间接测量　　　D. 以上均可

145. 双偏心工件是通过偏心部分最高点之间的距离来检验（　　）轴线间的关系。

　　A. 外圆与内孔　　B. 外圆与外圆　　C. 内孔与内孔　　D. 偏心部分与基准部分

146. 使用量块检验轴径夹角误差时，量块高度的计算公式是（　　）。

　　A. $h = M - 0.5(D+d) - R\sin\theta$　　　B. $h = M + 0.5(D+d) - R\sin\theta$

　　C. $h = M - 0.5(D+d) + R\sin\theta$　　　D. $h = M + 0.5(D+d) + R\sin\theta$

147. 检验箱体工件上的立体交错孔的垂直度时，先用（　　）找正基准心棒，使基准孔与检验平板垂直，然后用（　　）测量测量心棒两处，其差值即为测量长度内两孔轴线的垂直度误差。

　　A. 直角尺，百分表　　　　　　　　　B. 千分尺，百分表

　　C. 百分表，千分尺　　　　　　　　　D. 百分表，直角尺

148. 检验箱体工件上的立体交错孔的垂直度时，在基准心棒上装一百分表，测头顶在测量心棒的圆柱面上，旋转（   ）后再测，即可确定两孔轴线在测量长度内的垂直度误差。

    A. 60°   B. 360°   C. 180°   D. 270°

149. 将两半箱体通过定位部分或定位元件合为一体，用检验心棒插入基准孔和被测孔，如果检验心棒不能自由通过，则说明（   ）不符合要求。

    A. 圆度   B. 垂直度   C. 平行度   D. 同轴度

150. 如果两半箱体的同轴度要求不高，可以在两被测孔中插入检验心棒，将百分表固定在其中一个心棒上，百分表测头触在另一孔的心棒上，百分表转动一周，（   ），就是同轴度误差。

    A. 所得读数差的一半   B. 所得读数的差

    C. 所得读数差的二倍   D. 以上均不对

151. 使用齿轮游标卡尺可以测量蜗杆的（   ）。

    A. 分度圆   B. 轴向齿厚   C. 法向齿厚   D. 周节

152. 使用三针测量蜗杆的法向齿厚，要将齿厚偏差换算成（   ）测量距偏差。

    A. 量针   B. 齿槽偏差   C. 分度圆   D. 齿顶圆

153. 以下（   ）不是车削轴类零件产生尺寸误差的原因。

    A. 量具有误差或测量方法不正确   B. 前后顶尖不同轴

    C. 没有进行试切削   D. 看错图纸

154. 车削轴类零件时，如果（   ）不均匀，工件会产生圆度误差。

    A. 切削速度   B. 进给量   C. 顶尖力量   D. 毛坯余量

155. 车孔时，如果车孔刀逐渐磨损，车出的孔（   ）。

    A. 表面粗糙度大   B. 圆柱度超差   C. 圆度超差   D. 同轴度超差

156. 用心轴装夹车削套类工件，如果心轴中心孔精度低，车出的工件会产生（   ）误差。

    A. 同轴度、垂直度   B. 圆柱度、圆度

    C. 尺寸精度、同轴度   D. 表面粗糙度大、同轴度

157. 用偏移尾座法车圆锥时若（   ），会产生锥度（角度）误差。

    A. 切削速度过低   B. 尾座偏移量不正确

    C. 车刀装高   D. 切削速度过高

158. 车削螺纹时，刻度盘使用不当会使螺纹（   ）产生误差。

A. 大径 B. 中径 C. 齿形角 D. 粗糙度

159. 车削箱体类零件上的孔时，如果车床导轨严重磨损，车出的孔会产生（ ）误差。

A. 尺寸精度 B. 圆柱度 C. 圆度 D. 同轴度

160. 加工箱体类零件上的孔时，如果定位孔与定位心轴的配合精度超差，对垂直孔轴线的（ ）有影响。

A. 尺寸 B. 形状 C. 粗糙度 D. 垂直度

二、判断题（第 161～200 题。）

161. （ ）职业道德是社会道德在职业行为和职业关系中的具体表现。

162. （ ）生产中可自行制订工艺流程和操作规程。

163. （ ）工作场地保持清洁，有利于提高工作效率。

164. （ ）国标中规定，字体应写成仿宋体。

165. （ ）截交线为封闭的空间图形。

166. （ ）热处理不能充分发挥钢材的潜力。

167. （ ）链传动是由链条和具有特殊齿形的从动轮组成的传递力矩的传动。

168. （ ）铣刀是一种多齿刀具。

169. （ ）轴类零件加工顺序安排大体如下：准备毛坯—粗车—半精车—正火—调质—精磨外圆。

170. （ ）常用固体润滑剂不可以在高温、高压下使用。

171. （ ）切削液分为水溶液切削液、油溶液切削液两大类。

172. （ ）划线基准必须和设计基准一致。

173. （ ）组合开关用动触头的左右旋转代替闸刀的推合和拉开。

174. （ ）不能随意拆卸防护装置。

175. （ ）三线蜗杆零件图常采用主视图、剖面图（移出剖面）和俯视图的表达方法。

176. （ ）主轴箱中较长的传动轴，为了提高传动轴的精度，采用三支撑结构。

177. （ ）主轴箱的传动轴通过固定齿轮在主轴箱体上实现轴向定位。

178. （ ）进给箱的功用是把交换齿轮箱传来的运动，通过改变箱内滑移齿轮的位置，变速后传给丝杠或光杠，以满足车外圆和机动进给的需要。

179. （ ）进给箱中的固定齿轮、滑移齿轮与支撑它的传动轴大都采用花键连接，个别齿轮采用平键或半圆键连接。

180. （ ）识读装配图的要求是了解装配图的名称、用途、性能、结构和配合性质。

181. （ ）识读零件图的步骤是识读标题栏，名细表，视图配置，标注尺寸，技术要求。

182. （ ）规格为 200mm 的 K93 动力卡盘的最小装夹直径是 10mm，最大装夹直径是 180mm。

183. （　　）当液压卡盘的夹紧力不足时，应加大油缸压力，并设法改善卡盘的润滑状况。

184. （　　）数控车床液压卡盘在配车卡爪时，应在受力状态下进行。

185. （　　）为保证数控自定心中心架夹紧零件的中心与机床主轴中心重合 须使用试棒和百分表调整.。

186. （　　）数控车床的刀具安装在刀座后的相关尺寸是编程的重要数据，是建立坐标系不可缺少的数据。

187. （　　）在数控机床上安装工件，当工件批量不大时，应尽量采用专用夹具。

188. （　　）刀具长度补偿指令 G43 是将 H 代码指定的已存入偏置器中的偏置值加到运动指令终点坐标去。

189. （　　）在 FANUC 系统中，G90 是外圆切削循环指令。

190. （　　）在 G74　X60　Z-100　P5　Q20　F0.3 程序格式中，5 表示 X 轴方向上的间断走刀长度。

191. （　　）程序段 G72 P0035 Q0060 U4.0 W2.0 S500 是端面粗加工循环指令。

192. （　　）程序段 G74 Z-80.0 Q20.0 F0.15 是间断纵向切削循环指令。

193. （　　）数控机床手动进给时，模式选择开关应放在 ZERO　RETURE。

194. （　　）数控机床要使用解除超程时，模式选择开关应放在 O. T RELEASE。

195. （　　）数控机床的冷却液开关在 COOLANT　ON 位置时，是由手动控制冷却液的开关。

196. （　　）数控机床试运行开关扳到"DRY RUN"位置，在"MDI"状态下运行机床时，程序中给定的主轴转速无效。

197. （　　）对于深孔件的尺寸精度，可以用塞规或游标卡尺进行检验。

198. （　　）使用分度头检验轴径夹角误差的计算公式是 $\sin\triangle\theta = \triangle L/R$。式中 $\triangle L$ 是曲轴轴径的直径差。

199. （　　）用宽刃刀法车圆锥时产生锥度（角度）误差的原因是车刀粗糙度大。

200. （　　）车削蜗杆时，车床主轴的径向跳动会使蜗杆周节产生误差。

练习题二

一、单项选择（第 1～160 题。选择一个正确的答案，将相应的字母填入题内的括号中。每题 0.5 分，满分 80 分。）

1. 职业道德的内容包括（　　）。

  A. 从业者的工作计划　　　　　　B. 职业道德行为规范
  C. 从业者享有的权利　　　　　　D. 从业者的工资收入

2. 职业道德的实质内容是（　　）。

A. 树立新的世界观　　　　　　　　　B. 树立新的就业观念

C. 增强竞争意识　　　　　　　　　　D. 树立全新的社会主义劳动态度

3. 职业道德基本规范不包括（　　）。

A. 遵纪守法廉洁奉公　　　　　　　　B. 服务群众奉献社会

C. 诚实守信办事公道　　　　　　　　D. 搞好与他人的关系

4. 敬业就是以一种严肃认真的态度对待工作，下列不符合的是（　　）。

A. 工作勤奋努力　　　　　　　　　　B. 工作精益求精

C. 工作以自我为中心　　　　　　　　D. 工作尽心尽力

5. 遵守法律法规不要求（　　）。

A. 遵守国家法律和政策　　　　　　　B. 遵守安全操作规程

C. 加强劳动协作　　　　　　　　　　D. 遵守操作程序

6. 具有高度责任心应做到（　　）。

A. 责任心强，不辞辛苦，不怕麻烦　　B. 不徇私情，不谋私利

C. 讲信誉，重形象　　　　　　　　　D. 光明磊落，表里如一

7. 违反安全操作规程的是（　　）。

A. 自己制订生产工艺　　　　　　　　B. 贯彻安全生产规章制度

C. 加强法制观念　　　　　　　　　　D. 执行国家安全生产的法令、规定

8. 不爱护工、卡、刀、量具的做法是（　　）。

A. 按规定维护工、卡、刀、量具　　　B. 工、卡、刀、量具要放在工作台上

C. 正确使用工、卡、刀、量具　　　　D. 工、卡、刀、量具要放在指定地点

9. 符合着装整洁文明生产的是（　　）。

A. 随便着衣　　　　　　　　　　　　B. 未执行规章制度

C. 在工作中吸烟　　　　　　　　　　D. 遵守安全技术操作规程

10. 保持工作环境清洁有序不正确的是（　　）。

A. 毛坯、半成品按规定堆放整齐　　　B. 随时清除油污和积水

C. 通道上少放物品　　　　　　　　　D. 优化工作环境

11. 下列说法正确的是（　　）。

A. 两个基本体表面平齐时，视图上两基本体之间有分界线

B. 两个基本体表面不平齐时，视图上两基本体之间无分界线

C. 两个基本体表面相切时，两表面相切处不应画出切线

D. 两个基本体表面相交时，两表面相交处不应画出交线

12. 下列说法中错误的是（　　）。

A. 对于机件的肋、轮辐及薄壁等，如按纵向剖切，这些结构都不画剖面符号，而用粗实线将它与其邻接部分分开

B. 即使当零件回转体上均匀分布的肋、轮辐、孔等结构不处于剖切平面上时，也不能将这些结构旋转到剖切平面上画出

C. 较长的机件（轴、杆、型材、连杆等）沿长度方向的形状一致或按一定规律变化时，可断开后缩短绘制。采用这种画法时，尺寸应按机件原长标注

D. 当回转体零件上的平面在图形中不能充分表达平面时，可用平面符号（相交的两细实线）表示

13. 分组装配法属于典型的不完全互换性，它一般使用在（　　）。

A. 加工精度要求很高时　　　　　　B. 装配精度要求很高时
C. 装配精度要求较低时　　　　　　D. 厂际协作或配件的生产

14. 当孔的下偏差大于相配合的轴的上偏差时，此配合的性质是（　　）。

A. 间隙配合　　　B. 过渡配合　　　C. 过盈配合　　　D. 无法确定

15. 平面度公差属于（　　）。

A. 形状公差　　　B. 定向公差　　　C. 定位公差　　　D. 跳动公差

16. 金属材料下列参数中，（　　）不属于力学性能。

A. 强度　　　　　B. 塑性　　　　　C. 冲击韧性　　　D. 热膨胀性

17. 铁素体可锻铸铁的组织是（　　）。

A. 铁素体＋团絮状石墨　　　　　　B. 铁素体＋球状石墨
C. 铁素体＋珠光体＋片状石墨　　　D. 珠光体＋片状石墨

18. 带传动是由带轮和（　　）组成。

A. 带　　　　　　B. 链条　　　　　C. 齿轮　　　　　D. 从动轮

19. 齿轮传动是由（　　）、从动齿轮和机架组成。

A. 圆柱齿轮　　　B. 圆锥齿轮　　　C. 主动齿轮　　　D. 主动带轮

20. 切削时切削刃会受到很大的压力和冲击力，因此刀具必须具备足够的（　　）。

A. 硬度　　　　　B. 强度和韧性　　C. 工艺性　　　　D. 耐磨性

21. 硬质合金的特点是耐热性（　　），切削效率高，但刀片强度、韧性不及工具钢，焊接刃磨工艺较差。

A. 好　　　　　　B. 差　　　　　　C. 一般　　　　　D. 不确定

22. （　　）切削刃选定点相对于工件的主运动瞬时速度。

A. 切削速度　　　B. 进给量　　　　C. 工作速度　　　D. 切削深度

23. 铣削是（　　）作主运动，工件或铣刀作进给运动的切削加工方法。

　　A. 铣刀旋转　　　B. 铣刀移动　　　C. 工件旋转　　　D. 工件移动

24. 游标卡尺只适用于（　　）精度尺寸的测量和检验。

　　A. 低　　　　　　B. 中等　　　　　C. 高　　　　　　D. 中、高等

25. 用百分表测量时，测量杆与工件表面应（　　）。

　　A. 垂直　　　　　B. 平行　　　　　C. 相切　　　　　D. 相交

26. （　　）是用来测量工件内外角度的量具。

　　A. 万能角度尺　　B. 内径千分尺　　C. 游标卡尺　　　D. 量块

27. 万能角度尺在（　　）范围内，不装角尺和直尺。

　　A. 0°～50°　　　B. 50°～140°　　C. 140°～230°　　D. 230°～320°

28. 磨削加工的主运动是（　　）。

　　A. 砂轮旋转　　　B. 刀具旋转　　　C. 工件旋转　　　D. 工件进给

29. 车床主轴的工作性能有（　　）、刚度，热变形、抗振性等。

　　A. 回转精度　　　B. 硬度　　　　　C. 强度　　　　　D. 塑性

30. 轴类零件加工顺序安排时应按照（　　）的原则。

　　A. 先精车后粗车　B. 基准后行　　　C. 基准先行　　　D. 先内后外

31. 减速器箱体加工过程第一阶段将箱盖与底座（　　）加工。

　　A. 分开　　　　　B. 同时　　　　　C. 精　　　　　　D. 半精

32. 车床主轴箱齿轮齿面加工顺序为滚齿、（　　）、剃齿等。

　　A. 磨齿　　　　　B. 插齿　　　　　C. 珩齿　　　　　D. 铣齿

33. 防止周围环境中的水汽、二氧化硫等有害介质侵蚀是润滑剂的（　　）。

　　A. 密封作用　　　B. 防锈作用　　　C. 洗涤作用　　　D. 润滑作用

34. （　　）主要起冷却作用。

　　A. 水溶液　　　　B. 乳化液　　　　C. 切削油　　　　D. 防锈剂

35. 划线基准一般可用以下三种类型：以两个相互垂直的平面（或线）为基准；以一个平面和一条中心线为基准；以（　　）为基准。

　　A. 一条中心线　　　　　　　　　　　B. 两条中心线

　　C. 一条或两条中心线　　　　　　　　D. 三条中心线

36. 起锯时，起锯角应在（　　）左右。

　　A. 5°　　　　　　B. 10°　　　　　　C. 15°　　　　　　D. 20°

37. 铰削标准直径系列的孔，主要使用（　　）铰刀。

　　A. 整体式圆柱　　　　　　　　　　　　B. 可调节式

　　C. 圆锥式　　　　　　　　　　　　　　D. 整体或可调节式

38. 在板牙套入工件 2～3 牙后，应及时从（　　）方向用 90°角尺进行检查，并不断校正至要求。

　　A. 前后　　　　　B. 左右　　　　　C. 前后、左右　　　　　D. 上下、左右

39. 不符合文明生产基本要求的是（　　）。

　　A. 执行规章制度　　B. 贯彻操作规程　　C. 自行维修设备　　D. 遵守生产纪律

40. 三线蜗杆的（　　）常采用主视图、剖面图（移出剖面）和局部放大的表达方法。

　　A. 零件图　　　　　B. 工序图　　　　　C. 原理图　　　　　D. 装配图

41. 从蜗杆零件的（　　）可知该零件的名称、线数、材料及比例。

　　A. 装配图　　　　　B. 标题栏　　　　　C. 零件图　　　　　D. 技术要求

42. 箱体在加工时应先将箱体的（　　）加工好，然后以该面为基准加工各孔和其他高度方向的平面。

　　A. 底平面　　　　　B. 侧平面　　　　　C. 顶面　　　　　D. 安装孔

43. 斜二测轴测图 OY 轴与水平成（　　）。

　　A. 45°　　　　　B. 90°　　　　　C. 180°　　　　　D. 75°

44. 主轴箱（　　）的张力经轴承座直接传至箱体上，主轴不致受径向力作用而产生弯曲变形，提高了传动的平稳性。

　　A. V 带轮　　　　　B. 传动轴　　　　　C. 卡盘　　　　　D. 主轴

45. 主轴箱中较长的传动轴，为了提高传动轴的刚度，采用（　　）结构。

　　A. 多支撑　　　　　B. 三支撑　　　　　C. 四支撑　　　　　D. 五支撑

46. 主轴箱的传动轴通过轴承在主轴箱体上实现（　　）定位。

　　A. 轴向　　　　　B. 圆周　　　　　C. 径向　　　　　D. 法向

47. 主轴箱中（　　）用于主轴启动和控制正、反转，并可起到过载保护作用。

　　A. 启动杆　　　　　　　　　　　　　　B. 双向摩擦片式离合器

　　C. 交换齿轮　　　　　　　　　　　　　D. 传动轴

48. 进给箱的功用是把交换齿轮箱传来的运动，通过改变箱内滑移齿轮的位置，变速后传给丝杠或光杠，以满足（　　）和机动进给的需要。

　　A. 车外圆　　　　　B. 车孔　　　　　C. 车成形面　　　　　D. 车螺纹

49. 进给箱中的固定齿轮、滑移齿轮与支撑它的传动轴大都采用花键连接，个别

齿轮采用（ ）连接。

  A. 平键或半圆键   B. 平键或楔形键

  C. 楔形键或半圆键   D. 楔形键

50. 进给箱内传动轴的轴向定位方法，大都采用（ ）定位。

  A. 一端   B. 两端   C. 两支撑   D. 三支撑

51. （ ）内的基本变速机构每个滑移齿轮依次和相邻的一个固定齿轮啮合，而且还要保证在同一时刻内 4 个滑移齿轮和 8 个固定齿轮中只有一组是相互啮合的。

  A. 进给箱   B. 挂轮箱   C. 主轴箱   D. 滑板箱

52. 识读装配图的要求是了解装配图的名称、用途、性能、结构和（ ）。

  A. 工作原理   B. 精度等级   C. 工作性质   D. 配合性质

53. 识读装配图的步骤是先（ ）。

  A. 识读标题栏   B. 看名细表   C. 看视图配置   D. 看标注尺寸

54. （ ）可获得珠光体组织，硬度为 HBS200 左右，可改善切削条件，延长刀具寿命。

  A. 球化退火   B. 正火   C. 调质   D. 氮化

55. 被加工表面与（ ）平行的工件适用在花盘角铁上装夹加工。

  A. 安装面   B. 测量面   C. 定位面   D. 基准面

56. 机械加工工艺规程是规定（ ）制造工艺过程和操作方法的工艺文件。

  A. 产品或零部件 B. 产品   C. 工装   D. 零部件

57. 确定加工顺序和工序内容、加工方法、划分加工阶段，安排热处理、检验、及其他辅助工序是（ ）的主要工作。

  A. 拟定工艺路线 B. 拟定加工方法 C. 填写工艺文件 D. 审批工艺文件

58. 在一定的生产条件下，以最少的劳动消耗和最低的成本费用，按生产计划的规定，生产出合格的产品是（ ）应遵循的原则。

  A. 选用工艺装备 B. 制订工艺规程 C. 制定工时定额 D. 选择切削用量

59. 对工厂同类型零件的资料进行分析比较，根据经验确定加工余量的方法，称为（ ）。

  A. 查表修正法 B. 经验估算法 C. 实践操作法 D. 平均分配法

60. 以下（ ）不是数控车床高速动力卡盘的特点。

  A. 精度高   B. 操作不方便 C. 寿命长   D. 加紧力大

61. 规格为 200mm 的 K93 液压高速动力卡盘的楔心套行程是（ ）mm。

A. 30　　　　　　B. 40　　　　　　C. 50　　　　　　D. 60

62. 数控车床液压卡盘应定时（　　），以保证正常工作。

　　A. 调压力　　　　B. 调行程　　　　C. 加油　　　　D. 清洗和润滑

63. 数控自定心中心架的动力为（　　）传动。

　　A. 液压　　　　　B. 机械　　　　　C. 手动　　　　D. 电器

64. 数控车床的转塔式刀架的工位数越多，非加工刀具与工件发生干涉的可能性（　　）。

　　A. 越小　　　　　B. 没关系　　　　C. 不能判断　　　D. 越大

65. 数控车床的转塔刀架径向刀具多用于（　　）的加工。

　　A. 外圆　　　　　B. 端面　　　　　C. 螺纹　　　　D. 以上均可

66. 数控车床的外圆车刀通过（　　）安装在转塔刀架的转塔刀盘上。

　　A. 刀柄套　　　　B. 定位环　　　　C. 刀柄座　　　　D. 定位套

67. 在平面直角坐标系中，圆的方程是（$X-30$)^2＋（$Y-25$)^2＝15^2。此圆的半径为（　　）。

　　A. 15　　　　　　B. 25　　　　　　C. 30　　　　　　D. 225

68. 已知两圆的方程，需联立两圆的方程求两圆交点，如果判别式$\triangle=0$，则说明两圆弧（　　）。

　　A. 有一个交点　　B. 相切　　　　　C. 没有交点　　　D. 有两个交点

69. 手工编程时要计算构成零件轮廓的每一个节点的（　　）。

　　A. 尺寸　　　　　B. 方向　　　　　C. 坐标　　　　D. 距离

70. 数控加工中，刀具刀位点相对于（　　）运动的轨迹称为进给路线，是编程的重要依据。

　　A. 机床　　　　　B. 夹具　　　　　C. 工件　　　　D. 导轨

71. 在数控机床上安装工件的原则与普通机床相同，也要合理地选择（　　）和夹紧方案。

　　A. 夹紧装置　　　B. 定位元件　　　C. 定位基准　　　D. 夹紧方向

72. 立方氮化硼刀具在任何切削条件下都采用（　　）前角。

　　A. 正　　　　　　B. 大　　　　　　C. 零　　　　　D. 负

73. 以下（　　）不是选择进给量的主要依据。

　　A. 工件加工精度　B. 工件粗糙度　　C. 机床精度　　　D. 工件材料

74. （　　）是数控加工中刀架转位换刀时的位置。

　　A. 机床原点　　　　B. 换刀点　　　　C. 工件原点　　　　D. 以上都不是

75. 在编制数控加工程序以前，应该根据图纸和（　　）的要求，计算零件轮廓和刀具运动轨迹的坐标值。

　　A. 机床　　　　　　B. 夹具　　　　　　C. 技术　　　　　　D. 工艺路线

76. 以下（　　）不是尺寸字的地址码。

　　A. I　　　　　　　B. N　　　　　　　C. X　　　　　　　D. U

77. 在 ISO 标准中，G01 是（　　）指令。

　　A. 绝对坐标　　　　B. 外圆循环　　　　C. 直线插补　　　　D. 坐标系设定

78. 根据 ISO 标准，取消刀具补偿，用（　　）指令表示。

　　A. G42　　　　　　B. G41　　　　　　C. G40　　　　　　D. G43

79. 刀具磨损补偿应输入到系统（　　）中去。

　　A. 程序　　　　　　B. 刀具坐标　　　　C. 刀具参数　　　　D. 坐标系

80. 刀具长度补偿指令（　　）是将运动指令终点坐标值中减去偏置值。

　　A. G48　　　　　　B. G49　　　　　　C. G43　　　　　　D. G44

81. 插补误差与数控系统的插补功能及（　　）有关。

　　A. 刀具　　　　　　B. 切削用量　　　　C. 某些参数　　　　D. 机床

82. 立体轮廓表面的零件，宜采用数控（　　）加工。

　　A. 加工中心　　　　B. 车床　　　　　　C. 车床　　　　　　D. 铣床

83. 在 FANUC 系统中，G90 是（　　）切削循环指令。

　　A. 螺纹　　　　　　B. 端面　　　　　　C. 外圆　　　　　　D. 复合

84. 在 FANUC 系统中，车削（　　）可用 G90 循环指令编程。

　　A. 钻深孔　　　　　B. 余量大的端面　　C. 圆锥　　　　　　D. 大螺距螺纹

85. 程序段 G90　X52　Z—100　F0.3　X48　的含义是（　　）。

　　A. 车削 100mm 长的圆锥

　　B. 车削 100mm 长，大端直径 52mm 的圆锥

　　C. 分两刀车出直径 48mm，长度 100mm 的圆注

　　D. 车削 100mm 长，小端直径 48mm 的圆锥

86. 在 FANUC 系统中，G92 是（　　）指令。

　　A. 端面循环　　　　B. 外圆循环　　　　C. 螺纹循环　　　　D. 相对坐标

87. 程序段 G92　X52　Z—100　13.5　F3 的含义是车削（　　）。

　　A. 外螺纹　　　　　B. 锥螺纹　　　　　C. 内螺纹　　　　　D. 三角螺纹

88. 在 FANUC 系统中，（　　）指令用于大角度锥面的循环加工。

　　A. G92　　　　　　B. G93　　　　　　C. G94　　　　　　D. G95

89. 在 FANUC 系统中，（　　）指令是精加工循环指令，用于 G71、G72、G73 加工后的精加工。

　　A. G67　　　　　　B. G68　　　　　　C. G69　　　　　　D. G70

90. 程序段 G70P10Q20 中，G70 的含义是（　　）加工循环指令。

　　A. 螺纹　　　　　　B. 外圆　　　　　　C. 端面　　　　　　D. 精

91. G71 指令是外径粗加工循环指令，主要用于（　　）毛坯的粗加工。

　　A. 锻造　　　　　　B. 棒料　　　　　　C. 铸造　　　　　　D. 固定形状

92. 在 G71P（ns）Q（nf）U（$\triangle u$）W（$\triangle w$）S500 程序格式中，（　　）表示精加工路径的第一个程序段顺序号。

　　A. $\triangle w$　　　　　B. ns　　　　　C. $\triangle u$　　　　　D. nf

93. 棒料毛坯端面粗加工时，使用（　　）指令可简化编程。

　　A. G70　　　　　　B. G71　　　　　　C. G72　　　　　　D. G73

94. 在 G72P（ns）Q（nf）U（$\triangle u$）W（$\triangle w$）S500 程序格式中，（　　）表示精加工路径的第一个程序段顺序号。

　　A. $\triangle w$　　　　　B. ns　　　　　C. $\triangle u$　　　　　D. nf

95. 在 FANUC 系统中，（　　）指令是固定形状粗加工循环指令。

　　A. G70　　　　　　B. G71　　　　　　C. G72　　　　　　D. G73

96. 在 G73P（ns）Q（nf）U（$\triangle u$）W（$\triangle w$）S500 程序格式中，（　　）表示精加工路径的最后一个程序段顺序号。

　　A. $\triangle w$　　　　　B. nf　　　　　C. $\triangle u$　　　　　D. ns

97. 在 FANUC 系统中，（　　）指令是间断纵向加工循环指令。

　　A. G71　　　　　　B. G72　　　　　　C. G73　　　　　　D. G74

98. 在 G74Z—120Q20F0.3 程序格式中，（　　）表示钻孔深度。

　　A. 0.3　　　　　　B. —120　　　　　　C. 20　　　　　　D. 74

99. G75 指令，主要用于（　　）的加工，以便断屑和排屑。

　　A. 切槽　　　　　　B. 钻孔　　　　　　C. 棒料　　　　　　D. 间断端面

100. 在 G75X80Z－120P10Q5R1F0.3 程序格式中，（　　）表示 X 方向间断切削长度。

　　A. -120　　　　　　B. 10　　　　　　C. 5　　　　　　D. 80

101. 在 FANUC 系统中，（　　）指令是螺纹复合加工循环指令。

　　A. G73　　　　　　B. G74　　　　　　C. G75　　　　　　D. G76

102. FANUC 系统中（　　）必须在操作面板上预先按下"选择停止开关"时才起作用。

　　A. M01　　　　　　B. M00　　　　　　C. M02　　　　　　D. M30

103. FANUC 系统中（　　）表示程序结束。

　　A. M00　　　　　　B. M01　　　　　　C. M02　　　　　　D. M03

104. FANUC 系统中（　　）表示从尾架方向看，主轴以顺时针方向旋转。

　　A. M04　　　　　　B. M01　　　　　　C. M03　　　　　　D. M05

105. FANUC 系统中，M06 指令是（　　）指令。

　　A. 夹盘松　　　　　B. 切削液关　　　　C. 切削液开　　　　D. 换刀

106. FANUC 系统中，M08 指令是（　　）指令。

　　A. 夹盘松　　　　　B. 切削液关　　　　C. 切削液开　　　　D. 空气开

107. FANUC 系统中，M21 指令是（　　）指令。

　　A. Y 轴镜像　　　　B. 镜像取消　　　　C. X 轴镜像　　　　D. 空气开

108. FANUC 系统中，（　　）指令是主程序结束指令。

　　A. M02　　　　　　B. M00　　　　　　C. M03　　　　　　D. M30

109. FANUC 系统中，（　　）指令是尾架顶尖后退指令。

　　A. M33　　　　　　B. M32　　　　　　C. M03　　　　　　D. M30

110. FANUC 系统中，（　　）指令是调用子程序指令。

　　A. M33　　　　　　B. M98　　　　　　C. M99　　　　　　D. M32

111. 当 NC 出现故障时，NC 故障灯闪烁。此时应检查屏幕上（　　）的报警内容。

　　A. ALARM　　　　　B. GRAPH　　　　　C. PAPAM　　　　　D. MACRO

112. 当机床出现故障时，报警信息显示 2002，此故障的内容是（　　）。

　　A. ＋Z 方向超程　　B. －Z 方向超程　　C. －X 方向超程　　D. ＋X 方向超程

113. 清除切屑和杂物，检查导轨面和润滑油是数控车床（　　）需要检查保养的内容。

　　A. 每年　　　　　　B. 每月　　　　　　C. 每周　　　　　　D. 每天

114. 数控车床每周需要检查保养的内容是（　　）。

    A. 主轴皮带　　　B. 滚珠丝杠　　　C. 电器柜过滤网　　D. 冷却油泵过滤器

115. 数控车床润滑装置是（　　）需要检查保养的内容。

    A. 每天　　　　　B. 每周　　　　　C. 每个月　　　　　D. 一年

116. 数控车床主轴孔振摆是（　　）需要检查保养的内容。

    A. 每天　　　　　B. 每周　　　　　C. 每个月　　　　　D. 六个月

117. 数控车床卡盘夹紧力的大小靠（　　）调整。

    A. 变量泵　　　　B. 溢流阀　　　　C. 换向阀　　　　　D. 减压阀

118. 数控车床液压系统中的液压泵是液压系统的（　　）。

    A. 执行元件　　　B. 控制元件　　　C. 操纵元件　　　　D. 动力源

119. 数控车床液压系统中液压马达的工作原理与（　　）相反。

    A. 液压泵　　　　B. 溢流阀　　　　C. 换向阀　　　　　D. 调压阀

120. 当液压系统中单出杆液压缸无杆腔进压力油时推力（　　），速度（　　）。

    A. 小，低　　　　B. 大，高　　　　C. 大，低　　　　　D. 小，高

121. G71 指令是（　　）循环指令。

    A. 精加工　　　　B. 外径粗加工　　C. 端面粗加工　　　D. 固定形状粗加工

122. G72 指令是（　　）循环指令。

    A. 精加工　　　　B. 外径粗加工　　C. 端面粗加工　　　D. 固定形状粗加工

123. 程序段 G72 P0035 Q0060 U4.0 W2.0 S500 中，P0035 的含义是（　　）。

    A. 精加工路径的第一个程序段顺序号　　B. 最低转速
    C. 退刀量　　　　　　　　　　　　　　D. 精加工路径的最后一个程序段顺序号

124. 程序段 G73 P0035 Q0060 U1.0 W0.5 F0.3 是（　　）循环指令。

    A. 精加工　　　　B. 外径粗加工　　C. 端面粗加工　　　D. 固定形状粗加工

125. 程序段 G74 Z−80.0 Q20.0 F0.15 中，Z−80.0 的含义是（　　）。

    A. 钻孔深度　　　B. 阶台长度　　　C. 走刀长度　　　　D. 以上均错

126. 数控机床使用时，必须把主电源开关扳到（　　）位置。

    A. IN　　　　　　B. ON　　　　　　C. OFF　　　　　　D. OUT

127. 数控机床手动进给时，使用（　　）可完成对 X、Z 轴的手动进给。

    A. 快速按扭　　　B. 起动按扭　　　C. 回零按扭　　　　D. 手动脉冲发生器

128. 数控机床快速进给时，模式选择开关应放在（　　）。

　　A. JOG FEED　　B. RELEASE　　C. ZERO RETURN　　D. HANDLE FEED

129. 数控机床（　　）后，必须回零。

　　A. 换刀　　　　　B. 加工　　　　　C. 通电　　　　　D. 断电

130. 数控机床（　　）时，可输入单一命令使机床动作。

　　A. 快速进给　　　B. 手动数据输入　C. 回零　　　　　D. 手动进给

131. 数控机床自动状态时模式选择开关应放在（　　）。

　　A. AUTO　　　　B. MDI　　　　C. ZERO RETURN　　D. HANDLE FEED

132. 数控机床编辑状态时模式选择开关应放在（　　）。

　　A. JOG FEED　　B. PRGRM　　　C. ZERO RETURN　　D. EDIT

133. 数控机床要（　　）超程时，模式选择开关应放在0. T RELEASE。

　　A. 自动状态　　　B. 手动数据输入　C. 回零　　　　　D. 解除

134. 数控机床的（　　）开关的英文是 RAPID TRAVERSE。

　　A. 进给速率控制　B. 主轴转速控制　C. 快速进给速率选择　D. 手轮速度

135. 当数控机床的手动脉冲发生器的选择开关位置在 X100 时，手轮的进给单位是（　　）。

　　A. 0.1mm/格　　B. 0.001mm/格　C. 0.01mm/格　　D. 1mm/格

136. 当模式选择开关在（　　）状态时，数控机床的刀具指定开关有效。

　　A. SPINDLE OVERRIDE　　　　　B. JOG FEED
　　C. RAPID TRAVERSE　　　　　　D. ZERO RETURN

137. 数控机床的冷却液开关在 M CODE 位置时，是由（　　）控制冷却液的开关。

　　A. 关闭　　　　　B. 手动　　　　　C. 程序　　　　　D. M08

138. 数控机床的（　　）开关的英文是 SLEEVE。

　　A. 冷却液　　　　B. 主轴微调　　　C. 指定刀具　　　D. 尾座套筒

139. 数控机床的程序保护开关的处于（　　）位置时，可以对程序进行编辑。

　　A. ON　　　　　B. IN　　　　　C. OUT　　　　　D. OFF

140. 数控机床的条件信息指示灯（　　）亮时，说明按下急停按扭。

　　A. EMERGENCY STOP　　　　　B. ERROR
　　C. START CONDITION　　　　　D. MILLING

141. 数控机床的单段执行开关扳到（　　）时，程序单段执行。

A. SINGLE　BLOCK ON　　　　　　C. IN　　　　　　D. OFF

142. 数控机床的块删除开关扳到（　　）时，程序执行没有"/"的语句。

A. OFF　　　　　　B. ON　　　　　　C. BLOCK　DELETE　　D. 不能判断

143. 数控机床（　　）开关的英文是 MACHINE LOCK。

A. 位置记录　　　B. 机床锁定　　　C. 试运行　　　　D. 单段

144. 数控机床（　　）开关的英文是 DRY RUN。

A. 位置记录　　　B. 机床锁定　　　C. 试运行　　　　D. 单段运行

145. 使用内径百分表可以测量深孔件的（　　）。

A. 尺寸精度　　　B. 圆度精度　　　C. 圆柱度　　　　D. 以上均可

146. 双偏心工件是通过偏心部分（　　）与基准之间的距离来检验偏心部分与基准部分轴线间的关系。

A. 轴线　　　　　B. 基准线　　　　C. 最低点　　　　D. 最高点

147. 使用（　　）检验轴径夹角误差的计算公式是 $\sin\triangle\theta=\triangle L/R$。式中 $\triangle L$ 是两曲轴轴径中心高度差。

A. 分度头　　　　B. 量块　　　　　C. 两顶尖　　　　D. V 形架

148. 使用量块检验轴径夹角误差时，量块高度的计算公式是（　　）。

A. $h=M-0.5(D+d)\text{-}R\sin\theta$　　　　B. $h=M+0.5(D+d)-R\sin\theta$

C. $h=M-0.5(D+d)+R\sin\theta$　　　　D. $h=M+0.5(D+d)+R\sin\theta$

149. 检验箱体工件上的立体交错孔的垂直度时，先用（　　）找正基准心棒，使基准孔与检验平板垂直，然后用（　　）测量测量心棒两处，其差值即为测量长度内两孔轴线的垂直度误差。

A. 直角尺，百分表　　　　　　B. 直角尺，千分尺

C. 千分尺，百分表　　　　　　D. 百分表，千分尺

150. 将两半箱体通过定位部分或定位元件合为一体，用检验心棒插入基准孔和被测孔，如果检验心棒能自由通过，则说明（　　）符合要求。

A. 圆度　　　　　B. 垂直度　　　　C. 平行度　　　　D. 同轴度

151. 如果两半箱体的同轴度要求不高，可以在两被测孔中插入检验心棒，将百分表固定在其中一个心棒上，百分表测头触在另一孔的心棒上，百分表转动一周，（　　），就是同轴度误差。

A. 所得读数差的一半　　　　B. 所得读数的差

C. 所得读数差的二倍　　　　D. 以上均不对

152. 使用三针测量蜗杆的法向齿厚，量针直径的计算式是（　　）。

    A. $d_D = 0.577P$　　　B. $d_D = 0.518P$　C. $d_D = 1.01m_x$　D. $d_D = 1.672m_x$

153. 铰孔时，如果车床尾座偏移，铰出孔的（　　）。

    A. 孔口会扩大　　　B. 圆度超差　　　　C. 尺寸精度超差　　D. 同轴度超差

154. 用一次安装方法车削套类工件，如果工件（　　），车出的工件会产生同轴度、垂直度误差。

    A. 发生移位　　　B. 余量小　　　　C. 尺寸大　　　　　D. 材料硬

155. 用转动小滑板法车圆锥时产生（　　）误差的原因是小滑板转动角度计算错误。

    A. 锥度（角度）　B. 位置误差　　　C. 形状误差　　　　D. 尺寸误差

156. 用仿形法车圆锥时产生锥度（角度）误差的原因是（　　）。

    A. 顶尖顶的过紧　　　　　　　　B. 工件长度不一致
    C. 车刀装的不对中心　　　　　　D. 滑块与靠模板配合不良

157. 车削螺纹时，螺纹车刀切深不正确会使螺纹（　　）产生误差。

    A. 大径　　　　　B. 中径　　　　　C. 齿形角　　　　　D. 粗糙度

158. 车削蜗杆时，分度圆直径产生尺寸误差产生的原因是（　　）。

    A. 背吃刀量太小　B. 车刀切深不正确　C. 切削速度太低　D. 挂轮不正确

159. 车削箱体类零件上的孔时，（　　）不是保证孔的尺寸精度的基本措施。

    A. 提高基准平面的精度　　　　　B. 进行试切削
    C. 检验、调整量具　　　　　　　D. 检查铰刀尺寸

160. 车削箱体类零件上的孔时，如果车刀磨损，车出的孔会产生（　　）误差。

    A. 轴线的直线度　　B. 圆柱度　　　　C. 圆度　　　　　D. 同轴度

二、判断题（第161～200题。）

161. （　　）标注配合公差代号时分子表示孔的公差带代号，分母表示轴的公差带代号。

162. （　　）中温回火是在150～250℃。

163. （　　）无氧铜TU1其含铜量为99.97%、杂质总量为0.03%。

164. （　　）在传动链中常用的是套筒滚子链。

165. （　　）按用途不同螺旋传动可分为传动螺旋调整螺旋两种类型。

166. （　　）常用刀具材料的种类有碳素工具钢、合金工具钢、高速钢、硬质合金钢。

167. （　　）千分尺可以分为内径千分尺、螺纹千分尺、公法线千分尺、深度千分尺等几种。

168. （　　）划线盘划针的直头端用来划线，弯头端用于对工件安放位置的找正。

169. （　　）锉削速度一般应在40次/分左右，推出时稍快，回程时稍慢。

170. （　）图形符号文字符号 M 表示并励直流电动机。

171. （　）工频电流对人的危险性最小。

172. （　）环境是指影响人类生存和发展的各种天然的和经过人工改造的自然因素的总体。

173. （　）斜二测的画法是轴测投影面平行于一个坐标平面，投影方向平行于轴测投影面时，即可得到斜二测轴测图。

174. （　）精密丝杠的加工工艺中，要求锻造工件毛坯，目的是使材料晶粒细化、组织紧密、碳化物分布均匀，可提高材料的强度。

175. （　）装夹箱体零件时，夹紧力的作用点应尽量靠近基准面。

176. （　）车间管理条例不是工艺规程的主要内容。

177. （　）以生产实践和实验研究积累的有关加工余量的资料数据为基础，结合实际加工情况进行修正来确定加工余量的方法，称为经验估算法。

178. （　）工件以外圆定位，配车数控车床液压卡盘卡爪时，应在空载状态下进行。

179. （　）数控顶尖相对于普通顶尖，具有回转精度高、转速快、承载能力大的优点。

180. （　）数控顶尖在使用过程中应注意的是不准随意敲打、拆卸和扭紧压盖，以免损坏精度。

181. （　）为保证数控自定心中心架夹紧零件的中心与机床主轴中心重合 须使用千分尺和百分表调整。

182. （　）数控车床的转塔刀架机械结构复杂，使用中故障率相对较高，因此在使用维护中要足够重视。

183. （　）数控机床机床适用于加工普通机床难加工，质量也难以保证的工件。

184. （　）在数控机床上，考虑工件的加工精度要求、刚度和变形等因素，可按粗、精加工划分工序。

185. （　）程序设计思路正确，内容简单、清晰明了；占用内存小，加工轨迹、切削参数选择合理，说明程序设计质量高。

186. （　）FANUC 数控系统中，子程序调用指令为 M97。

187. （　）程序段 G94X30Z−5R3F0.3 是循环车削螺纹的程序段。

188. （　）FANUC 系统中，M10 指令是夹盘松指令。

189. （　）程序段 G71 P0035 Q0060 U4.0 W2.0 S500 中，U4.0 的含义是 X 轴方向的精加工余量（半径值）。

190. （　）程序段 G73 P0035 Q0060 U1.0 W0.5 F0.3 中，Q0060 的含义是精加工路径的最后一个程序段顺序号。

191. （　）程序段 G74 Z-80.0 Q20.0 F0.15 是间断纵向切削循环指令，用于端面循环加工。

192. （　）程序段 G75 X20.0 P5.0 F0.15 是间断端面切削循环指令。

193. （　）程序段 G75 X20.0 P5.0 F0.15 中，P5.0 的含义是沟槽深度。

194. （　）数控机床的主轴速度控制盘对主轴速率的控制范围是 60%～200%。

195. （　　）深孔件形状精度最常用的测量方法是比较法。

196. （　　）偏心距较大的工件，不能采用直接测量法测出偏心距，这时可用卡尺和千分尺采用间接测量法测出偏心距。

197. （　　）检验箱体工件上的立体交错孔的垂直度时，在基准心棒上装一百分表，测头顶在测量心棒的圆柱面上，旋转90°后再测，即可确定两孔轴线在测量长度内的垂直度误差。

198. （　　）使用齿轮游标卡尺可以测量蜗杆的轴向齿厚。

199. （　　）量具有误差或测量方法不正确时，车削轴类零件会产生尺寸误差的。

200. （　　）车削轴类零件时，如果毛坯余量不均匀，切削过程中背吃刀量发生变化，工件会产生圆度误差。

练习题三

一、单项选择（第1～160题。选择一个正确的答案，将相应的字母填入题内的括号中。每题0.5分，满分80分。）

1. 职业道德不体现（　　）。

　　A. 从业者对所从事职业的态度　　　　B. 从业者的工资收入
　　C. 从业者的价值观　　　　　　　　　D. 从业者的道德观

2. 职业道德的实质内容是（　　）。

　　A. 改善个人生活　　　　　　　　　　B. 增加社会的财富
　　C. 树立全新的社会主义劳动态度　　　D. 增强竞争意识

3. 职业道德基本规范不包括（　　）。

　　A. 爱岗敬业忠于职守　　　　　　　　B. 诚实守信办事公道
　　C. 发展个人爱好　　　　　　　　　　D. 遵纪守法廉洁奉公

4. 爱岗敬业就是对从业人员（　　）的首要要求。

　　A. 工作态度　　　B. 工作精神　　　C. 工作能力　　　D. 以上均可

5. 遵守法律法规要求（　　）。

　　A. 积极工作　　　　　　　　　　　　B. 加强劳动协作
　　C. 自觉加班　　　　　　　　　　　　D. 遵守安全操作规程

6. 具有高度责任心应做到（　　）。

　　A. 责任心强，不辞辛苦，不怕麻烦　　B. 不徇私情，不谋私利
　　C. 讲信誉，重形象　　　　　　　　　D. 光明磊落，表里如一

7. 不符合着装整洁文明生产要求的是（　　）。

    A. 按规定穿戴好防护用品　　　　　B. 遵守安全技术操作规程

    C. 优化工作环境　　　　　　　　　D. 在工作中吸烟

8. 保持工作环境清洁有序不正确的是（　　）。

    A. 毛坯、半成品按规定堆放整齐　　B. 随时清除油污和积水

    C. 通道上少放物品　　　　　　　　D. 优化工作环境

9. 关于"局部视图"，下列说法错误的是（　　）。

    A. 对称机件的视图可只画一半或四分之一，并在对称中心线的两端画出两条与其垂直的平行细实线

    B. 局部视图的断裂边界必须以波浪线表示

    C. 画局部视图时，一般在局部视图上方标出视图的名称"A"，在相应的视图附近用箭头指明投影方向，并注上同样的字母

    D. 当局部视图按投影关系配置，中间又没有其他图形隔开时，可省略标注

10. 下列说法中，正确的是（　　）

    A. 全剖视图用于内部结构较为复杂的机件

    B. 半剖视图用于内外形状都较为复杂的对称机件

    C. 当机件的形状接近对城时，不论何种情况都不可采用半剖视图

    D. 采用局部剖视图时，波浪线可以画到轮廓线的延长线上

11. 下列说法中错误的是（　　）。

    A. 对于机件的肋、轮辐及薄壁等，如按纵向剖切，这些结构都不画剖面符号，而用粗实线将它与其邻接部分分开

    B. 即使当零件回转体上均匀分布的肋、轮辐、孔等结构不处于剖切平面上时，也不能将这些结构旋转到剖切平面上画出

    C. 较长的机件（轴、杆、型材、连杆等）沿长度方向的形状一致或按一定规律变化时，可断开后缩短绘制。采用这种画法时，尺寸应按机件原长标注

    D. 当回转体零件上的平面在图形中不能充分表达平面时，可用平面符号（相交的两细实线）表示

12. 在同一尺寸段内，尽管基本尺寸不同，但只要公差等级相同，其标准公差值就（　　）。

    A. 可能相同　　　B. 一定相同　　　C. 一定不同　　　D. 无法判断

13. 基本偏差确定公差带的位置，一般情况下，基本偏差是（　　）。

    A. 上偏差　　　　B. 下偏差

    C. 实际偏差　　　D. 上偏差或下偏差中靠近零线的那个偏差

14. 基本偏差为（　　）与不同基本偏差轴的公差带形成各种配合的一种制度称为

基孔制。

    A. 不同孔的公差带   B. 一定孔的公差带

    C. 较大孔的公差带   D. 较小孔的公差带

15. 属于不锈钢的是（   ）。

    A. 20Cr   B. 9 Si Cr   C. GCr15   D. 3Cr13

16. 球墨铸铁的含碳量为（   ）。

    A. 2.2%～2.8%   B. 2.9%～3.5%   C. 3.6%～3.9%   D. 4.0%～4.3%

17. 低温回火后的组织为回火（   ）。

    A. 铁素体   B. 马氏体   C. 托氏体   D. 索氏体

18. 带传动按传动原理分有（   ）和啮合式两种。

    A. 连接式   B. 摩擦式   C. 滑动式   D. 组合式

19. 链传动是由链条和具有特殊齿形的链轮组成的传递（   ）和动力的传动。

    A. 运动   B. 扭矩   C. 力矩   D. 能量

20. 按齿轮形状不同可将齿轮传动分为圆柱齿轮传动和（   ）传动两类。

    A. 斜齿轮   B. 直齿轮   C. 圆锥齿轮   D. 齿轮齿条

21. 螺旋传动主要由螺杆、（   ）和机架组成。

    A. 螺栓   B. 螺钉   C. 螺柱   D. 螺母

22. 切削时切削刃会受到很大的压力和冲击力，因此刀具必须具备足够的（   ）。

    A. 硬度   B. 强度和韧性   C. 工艺性   D. 耐磨性

23. 游标卡尺结构中，有刻度的部分叫（   ）。

    A. 尺框   B. 尺身   C. 尺头   D. 活动量爪

24. 不能用游标卡尺去测量（   ），因为游标卡尺存在一定的示值误差。

    A. 齿轮   B. 毛坯件   C. 成品件   D. 高精度件

25. 千分尺读数时（   ）。

    A. 不能取下   B. 必须取下

    C. 最好不取下   D. 先取下，再锁紧，然后读数

26. 百分表的测量杆移动 1mm 时，表盘上指针正好回转（   ）周。

    A. 0.5   B. 1   C. 2   D. 3

27. 万能角度尺是用来测量工件（   ）的量具。

    A. 内外角度   B. 内角度   C. 外角度   D. 弧度

28. 磨削加工中所用砂轮的三个基本组成要素是（　　）。

　　A. 磨料、结合剂、孔隙　　　　　　B. 磨料、结合剂、硬度

　　C. 磨料、硬度、孔隙　　　　　　　D. 硬度、颗粒度、孔隙

29. 减速器箱体加工过程第一阶段完成（　　）、连接孔、定位孔的加工。

　　A. 侧面　　　　　B. 端面　　　　　C. 轴承孔　　　　　D. 主要平面

30. 箱体加工时一般都要用箱体上重要的孔作（　　）。

　　A. 工件的夹紧面　　B. 精基准　　　C. 粗基准　　　D. 测量基准面

31. 圆柱齿轮传动的精度要求有运动精度、（　　）接触精度等几方面精度要求。

　　A. 几何精度　　　B. 平行度　　　C. 垂直度　　　D. 工作平稳性

32. 车床主轴箱齿轮毛坯为（　　）。

　　A. 铸坯　　　　　B. 锻坯　　　　　C. 焊接　　　　　D. 轧制

33. 能防止漏气、漏水是润滑剂（　　）。

　　A. 密封作用　　　B. 防锈作用　　　C. 洗涤作用　　　D. 润滑作用

34. 不属于切削液的是（　　）。

　　A. 水溶液　　　　B. 乳化液　　　　C. 切削油　　　　D. 防锈剂

35. 用手锤打击錾子对金属工件进行切削加工的方法称为（　　）。

　　A. 錾削　　　　　B. 凿削　　　　　C. 非机械加工　　　D. 去除材料

36. 錾子一般由碳素工具钢锻成，经热处理后使其硬度达到（　　）。

　　A. HRC40～55　　B. HRC55～65　　C. HRC56～62　　D. HRC65～75

37. 锉刀放入工具箱时，不可与其他工具堆放，也不可与其他锉刀重叠堆放，以免（　　）。

　　A. 损坏锉齿　　　B. 变形　　　　　C. 损坏其他工具　D. 不好寻找

38. 后角刃磨正确的标准麻花钻，其横刃斜角为（　　）。

　　A. $20°\sim30°$　　B. $30°\sim45°$　　C. $50°\sim55°$　　D. $55°\sim70°$

39. 用铰杠攻螺纹时，当丝锥的切削部分全部进入工件，两手用力要（　　）的旋转，不能有侧向的压力。

　　A. 较大　　　　　B. 很大　　　　　C. 均匀、平稳　　　D. 较小

40. 电动机的分类不正确的是（　　）。

　　A. 异步电动机和同步电动机　　　　B. 三相电动机和单相电动机

　　C. 主动电动机和被动电动机　　　　D. 交流电动机和直流电动机

41. 可能引起机械伤害的做法是（　　）。

A. 不跨越运转的机轴　　　　　　　　B. 可以不穿工作服

C. 转动部件停稳前不得进行操作　　　D. 旋转部件上不得放置物品

42. 三线蜗杆的（　　）常采用主视图、剖面图（移出剖面）和局部放大的表达方法。

A. 零件图　　　　　B. 工序图　　　　　C. 原理图　　　　　D. 装配图

43. 从蜗杆零件的（　　）可知该零件的名称、线数、材料及比例。

A. 装配图　　　　　B. 标题栏　　　　　C. 剖面图　　　　　D. 技术要求

44. 斜二测轴测图 OY 轴与水平成（　　）。

A. 45°　　　　　　B. 90°　　　　　　C. 180°　　　　　D. 75°

45. 主轴箱的功用是支撑主轴并使其实现启动、停止、（　　）和换向等。

A. 升速　　　　　　B. 车削　　　　　　C. 进刀　　　　　D. 变速

46. 主轴箱中较长的传动轴，为了提高传动轴的（　　），采用三支撑结构。

A. 安装精度　　　　B. 刚度　　　　　　C. 稳定性　　　　　D. 传动精度

47. 主轴箱的（　　）通过轴承在主轴箱体上实现轴向定位。

A. 传动轴　　　　　B. 固定齿轮　　　　C. 离合器　　　　　D. 滑动齿轮

48. 主轴箱的（　　）用于控制主轴的启动、停止、换向和制动等。

A. 操纵机构　　　　B. 箱外手柄　　　　C. 变速机构　　　　D. 制动机构

49. 进给箱的功用是把交换齿轮箱传来的运动，通过改变箱内滑移齿轮的位置，变速后传给丝杠或光杠，以满足（　　）和机动进给的需要。

A. 车孔　　　　　　B. 车圆锥　　　　　C. 车成形面　　　　D. 车螺纹

50. 进给箱中的固定齿轮、滑移齿轮与支撑它的传动轴大都采用花键连接，个别齿轮采用（　　）连接。

A. 平键或半圆键　　B. 平键或楔形键　　C. 楔形键或半圆键　　D. 楔形键

51. 进给箱内传动轴的轴向定位方法，大都采用（　　）定位。

A. 一端　　　　　　B. 两端　　　　　　C. 两支撑　　　　　D. 三支撑

52. （　　）内的基本变速机构每个滑移齿轮依次和相邻的一个固定齿轮啮合，而且还要保证在同一时刻内 4 个滑移齿轮和 8 个固定齿轮中只有一组是相互啮合的。

A. 进给箱　　　　　B. 挂轮箱　　　　　C. 主轴箱　　　　　D. 滑板箱

53. 识读装配图的步骤是先（　　）。

A. 识读标题栏　　　B. 看名细表　　　　C. 看标注尺寸　　　D. 看技术要求

54. 精密丝杠的加工工艺中，要求锻造工件毛坯，目的是使材料晶粒细化、组织紧密、碳化物分布均匀，可提高材料的（　　）。

　　A. 塑性　　　　　　B. 韧性　　　　　　C. 强度　　　　　　D. 刚性

55. 高温时效是将工件加热到 550℃，保温 7h，然后（　　）冷却的过程。

　　A. 随炉　　　　　　B. 在水中　　　　　C. 在油中　　　　　D. 在空气中

56. 装夹（　　）时，夹紧力的作用点应尽量靠近加工表面。

　　A. 箱体零件　　　　B. 细长轴　　　　　C. 深孔　　　　　　D. 盘类零件

57. 机械加工工艺规程是规定（　　）制造工艺过程和操作方法的工艺文件。

　　A. 产品或零部件　　B. 产品　　　　　　C. 工装　　　　　　D. 零部件

58. 以下（　　）不是工艺规程的主要内容：

　　A. 加工零件的工艺路线　　　　　　　　B. 各工序加工的内容和要求

　　C. 采用的设备及工艺装备　　　　　　　D. 车间管理条例

59. 确定加工顺序和工序内容、加工方法、划分加工阶段，安排热处理、检验、及其他辅助工序是（　　）的主要工作。

　　A. 拟定工艺路线　　B. 拟定加工方法　　C. 填写工艺文件　　D. 审批工艺文件

60. 在一定的（　　）下，以最少的劳动消耗和最低的成本费用，按生产计划的规定，生产出合格的产品是制订工艺规程应遵循的原则。

　　A. 工作条件　　　　B. 生产条件　　　　C. 设备条件　　　　D. 电力条件

61. 直接改变原材料、毛坯等生产对象的（　　），使之变为成品或半成品的过程称工艺过程。

　　A. 形状和性能　　　　　　　　B. 尺寸和性能

　　C. 形状和尺寸　　　　　　　　D. 形状、尺寸和性能

62. 对工厂（　　）零件的资料进行分析比较，根据经验确定加工余量的方法，称为经验估算法。

　　A. 同材料　　　　　B. 同类型　　　　　C. 同重量　　　　　D. 同精度

63. 液压高速动力卡盘的滑座位移量一般是（　　）mm。

　　A. 3～7　　　　　　B. 1～5　　　　　　C. 5～8　　　　　　D. 8～10

64. 数控顶尖相对于普通顶尖，具有（　　）的优点。

　　A. 回转精度高、转速低、承载能力大　　B. 回转精度高、转速快、承载能力小

　　C. 回转精度高、转速快、承载能力大　　D. 回转精度高、转速低、承载能力小

65. 使用数控顶尖一夹一顶加工工件，如零件温度升高，应当（　　）。

　　A. 向后退尾架　　　B. 向后退顶尖　　　C. 调整工件　　　D. 调整顶持力

66. 数控车床的转塔式刀架的工位数越多，非加工刀具与工件发生干涉的可能性（　　）。

　　A. 越小　　　　　　B. 没关系　　　　　C. 不能判断　　　　D. 越大

67. 在平面直角坐标系中，圆的圆心坐标为（30，25），半径为 25，此圆的方程是（　　）。

　　A. $(X-30)^2+(Y-25)^2=25^2$　　　　B. $(X+30)^2+(Y+25)^2=25^2$
　　C. $(X-30)+(Y-25)=25$　　　　　　D. $(X+30)+(Y+25)=25$

68. 已知两圆的方程，需联立两圆的方程求两圆交点，如果判别式 $\triangle=0$，则说明两圆弧（　　）。

　　A. 有一个交点　　　B. 相切　　　　　　C. 没有交点　　　　D. 有两个交点

69. （　　）的工件不适用于在数控机床上加工。

　　A. 普通机床难加工　　B. 毛坯余量不稳定　　C. 精度高　　　D. 形状复杂

70. 在数控机床上，考虑工件的加工精度要求、刚度和变形等因素，可按（　　）划分工序。

　　A. 粗、精加工　　　B. 所用刀具　　　　C. 定位方式　　　　D. 加工部位

71. 数控加工中，刀具刀位点相对于（　　）运动的轨迹称为进给路线，是编程的重要依据。

　　A. 机床　　　　　　B. 夹具　　　　　　C. 工件　　　　　　D. 导轨

72. 在数控机床上安装工件，在确定定位基准和夹紧方案时，应力求做到设计基准、工艺基准与（　　）的基准统一。

　　A. 夹具　　　　　　B. 机床　　　　　　C. 编程计算　　　　D. 工件

73. 立方氮化硼刀具在任何切削条件下都采用（　　）前角。

　　A. 正　　　　　　　B. 大　　　　　　　C. 零　　　　　　　D. 负

74. 在数控机床上加工工件，精加工余量相对于普通机床加工要（　　）。

　　A. 大　　　　　　　B. 相同　　　　　　C. 小　　　　　　　D. 以上均不对

75. （　　）是数控加工中刀具相对工件的起点。

　　A. 机床原点　　　　B. 对刀点　　　　　C. 工件原点　　　　D. 以上都不是

76. 在编制数控加工程序以前，应该根据图纸和（　　）的要求，计算零件轮廓和刀具运动轨迹的坐标值。

　　A. 机床　　　　　　B. 夹具　　　　　　C. 技术　　　　　　D. 工艺路线

77. 在 FANUC 系统中，采用（　　）作为程序编号地址。

　　A. N　　　　　　　B. O　　　　　　　C. P　　　　　　　D. ％

78. 刀尖圆弧半径应输入到系统（　　）中去。

　　A. 程序　　　　　B. 刀具坐标　　　　C. 刀具参数　　　D. 坐标系

79. 一个程序除了加工某个零件外，还能对加工与其相似的其他零件有参考价值，可提高（　　）编程能力。

　　A. 不同零件　　　B. 相同零件　　　　C. 标准件　　　　D. 成组零件

80. FANUC-6T 数控系统中，子程序可以嵌套（　　）次。

　　A. 1　　　　　　　B. 2　　　　　　　C. 3　　　　　　　D. 4

81. 在 FANUC 系统中，（　　）是外圆切削循环指令。

　　A. G74　　　　　　B. G94　　　　　　C. G90　　　　　　D. G92

82. 在 FANUC 系统中，（　　）指令在编程中用于车削余量大的内孔。

　　A. G70　　　　　　B. G94　　　　　　C. G90　　　　　　D. G92

83. 程序段 G90 X52Z－100F0.3X48 的含义是（　　）。

　　A. 车削 100mm 长的圆锥

　　B. 车削 100mm 长，大端直径 52mm 的圆锥

　　C. 分两刀车出直径 48mm，长度 100mm 的圆注

　　D. 车削 100mm 长，小端直径 48mm 的圆锥

84. 在 FANUC 系统中，G92 指令可以加工（　　）。

　　A. 圆柱螺纹　　　B. 内螺纹　　　　　C. 圆锥螺纹　　　D. 以上均可

85. 程序段 G92X52Z－100F3 中，X52Z－100 的含义是（　　）。

　　A. 外圆终点坐标　B. 螺纹终点坐标　C. 圆锥终点坐标　D. 内孔终点坐标

86. 在 FANUC 系统中，G94 是（　　）指令。

　　A. 螺纹循环　　　B. 外圆循环　　　　C. 端面循环　　　D. 相对坐标

87. 程序段 G94X30Z－5R3F0.3 是循环车削（　　）的程序段。

　　A. 外圆　　　　　B. 斜面　　　　　　C. 内孔　　　　　D. 螺纹

88. 程序段 G70P10Q20 中，P10 的含义是（　　）。

　　A. X 轴移动 10mm

　　B. Z 轴移动 10mm

　　C. 精加工循环的最后一个程序段的程序号

　　D. 精加工循环的第一个程序段的程序号

89.（　　）指令是外径粗加工循环指令，主要用于棒料毛坯的粗加工。

A. G70　　　　　　B. G71　　　　　　C. G72　　　　　　D. G73

90. 在 G71P（ns）Q（nf）U（$\triangle u$）W（$\triangle w$）S500 程序格式中，（　　）表示精加工路径的最后一个程序段顺序号。

A. $\triangle w$　　　　　B. nf　　　　　C. $\triangle u$　　　　　D. ns

91.（　　）指令是端面粗加工循环指令，主要用于棒料毛坯的端面粗加工。

A. G70　　　　　　B. G71　　　　　　C. G72　　　　　　D. G73

92. 在 G72P（ns）Q（nf）U（$\triangle u$）W（$\triangle w$）S500 程序格式中，（　　）表示精加工路径的第一个程序段顺序号。

A. $\triangle w$　　　　　B. ns　　　　　C. $\triangle u$　　　　　D. nf

93. 锻造、铸造毛坯固定形状粗加工时，使用（　　）指令可简化编程。

A. G70　　　　　　B. G71　　　　　　C. G72　　　　　　D. G73

94. 在 G73P（ns）Q（nf）U（$\triangle u$）W（$\triangle w$）S500 程序格式中，（　　）表示精加工路径的第一个程序段顺序号。

A. $\triangle w$　　　　　B. ns　　　　　C. $\triangle u$　　　　　D. nf

95.（　　）指令是间断纵向加工循环指令，主要用于钻孔加工。

A. G71　　　　　　B. G72　　　　　　C. G73　　　　　　D. G74

96. 在 G74Z−120Q20F0.3 程序格式中，（　　）表示钻孔深度。

A. 0.3　　　　　　B. −120　　　　　C. 20　　　　　　D. 74

97. G75 指令，主要用于（　　）的加工，以便断屑和排屑。

A. 切槽　　　　　B. 钻孔　　　　　C. 棒料　　　　　D. 间断端面

98. 在 G75X80Z−120P10Q5R1F0.3 程序格式中，（　　）表示阶台直径。

A. -120　　　　　B. 80　　　　　　C. 5　　　　　　　D. 10

99. 在 FANUC 系统中，（　　）指令是螺纹复合加工循环指令。

A. G73　　　　　　B. G74　　　　　　C. G75　　　　　　D. G76

100. 在 G75X（U）Z（W）R（i）P（K）Q（$\triangle d$）程序格式中，（　　）表示螺纹终点的坐标值。

A. X、U　　　　　B. X、Z　　　　　C. Z、W　　　　　D. R

101. FANUC 系统中（　　）表示程序暂停，重新按启动键后，再继续执行后面的程序段。

A. M00　　　　　B. M01　　　　　C. M02　　　　　D. M30

102. FANUC 系统中（　　）用于程序全部结束，切断机床所有动作。

A. M00　　　　　B. M01　　　　　C. M02　　　　　D. M03

103. FANUC 系统中（　　）表示主轴停止。

A. M05　　　　　B. M02　　　　　C. M03　　　　　D. M04

104. FANUC 系统中，M20 指令是（　　）指令。

A. 夹盘松　　　　B. 切削液关　　　C. 切削液开　　　D. 空气开

105. FANUC 系统中，（　　）指令是切削液开指令。

A. M09　　　　　B. M02　　　　　C. M08　　　　　D. M06

106. FANUC 系统中，M11 指令是（　　）指令。

A. 夹盘紧　　　　B. 切削液停　　　C. 切削液开　　　D. 夹盘松

107. FANUC 系统中，（　　）指令是 Y 轴镜像指令。

A. M06　　　　　B. M10　　　　　C. M22　　　　　D. M21

108. FANUC 系统中，M30 指令是（　　）指令。

A. 程序暂停　　　B. 选择暂停　　　C. 程序开始　　　D. 主程序结束

109. FANUC 系统中，M33 指令是（　　）后退指令。

A. 尾架顶尖　　　B. 尾架　　　　　C. 刀架　　　　　D. 溜板

110. 当 NC 故障排除后，按 RESET 键（　　）。

A. 消除报警　　　B. 重新编程　　　C. 修改程序　　　D. 回参考点

111. 当机床出现故障时，报警信息显示 2003，此故障的内容是（　　）。

A. －X 方向超程　B. －Z 方向超程　C. ＋Z 方向超程　D. ＋X 方向超程

112. 检查各种防护装置是否齐全有效是数控车床（　　）需要检查保养的内容。

A. 每年　　　　　B. 每月　　　　　C. 每周　　　　　D. 每天

113. 数控车床每周需要检查保养的内容是（　　）。

A. 主轴皮带　　　B. 滚珠丝杠　　　C. 电器柜过滤网　D. 各种防护装置

114. 数控车床主轴运转情况是（　　）需要检查保养的内容。

A. 每天　　　　　B. 每周　　　　　C. 每个月　　　　D. 一年

115. 数控车床主轴传动 V 带是（　　）需要检查保养的内容。

A. 每天　　　　　B. 每周　　　　　C. 每个月　　　　D. 六个月

116. 数控车床的卡盘、刀架和（　　）大多采用液压传动。

　　A. 主轴　　　　　　B. 溜板　　　　　　C. 尾架　　　　　　D. 尾架套筒

117. 数控车床液压系统中的液压泵是靠（　　）变化进行工作的。

　　A. 液压油流量　　　　　　B. 液压阀的位置
　　C. 密封工作腔压力变化　　D. 密封工作腔容积变化

118. 数控车床液压系统中大部分液压泵可作为（　　）使用。

　　A. 液压马达　　　B. 溢流阀　　　　C. 换向阀　　　　D. 调压阀

119. 液压系统中双出杆液压缸活塞杆与缸盖处采用（　　）形密封圈密封。

　　A. Y　　　　　　B. O　　　　　　C. V　　　　　　D. M

120. G71 指令是（　　）循环指令。

　　A. 精加工　　　B. 外径粗加工　　C. 端面粗加工　　D. 固定形状粗加工

121. 程序段 G73 P0035 Q0060 U1.0 W0.5 F0.3 中，Q0060 的含义是（　　）。

　　A. 精加工路径的最后一个程序段顺序号　　B. 最高转速
　　C. 进刀量　　　　　　　　　　　　　　　D. 精加工路径的第一个程序段顺序号

122. G74 指令是（　　）循环指令。

　　A. 间断纵向切削　　B. 外径粗加工　　C. 端面粗加工　　D. 固定形状粗加工

123. 程序段 G74 Z-80.0 Q20.0 F0.15 中，的（　　）含义是间断走刀长度。

　　A. Q20.0　　　　　B. Z-80.0　　　　C. F0.15　　　　D. G74

124. 程序段 G75 X20.0 P5.0 F0.15 是（　　）循环指令。

　　A. 间断纵向切削　　B. 间断端面切削　　C. 端面粗加工　　D. 固定形状粗加工

125. 数控机床系统电源开关的英文是（　　）。

　　A. CYCLE　　　B. POWER　　　C. TEMPORARY　　　D. EMERGENCY

126. 数控机床手动进给时，模式选择开关应放在（　　）。

　　A. JOG　FEED　　B. RELEASE　　C. MDI　　D. HANDLE　FEED

127. 数控机床快速进给时，模式选择开关应放在（　　）。

　　A. JOG　FEED　　B. RELEASE　　C. ZERO　RETURN　　D. HANDLE　FEED

128. 数控机床回零时模式选择开关应放在（　　）。

　　A. JOG　FEED　　B. MDI　　C. ZERO　RETURN　　D. HANDLE　FEED

129. 数控机床手动数据输入时模式选择开关应放在（　　）。

　　A. JOG　FEED　　B. MDI　　C. ZERO　RETURN　　D. HANDLE　FEED

130. 数控机床自动状态时，可完成（　　）工作。

　　A. 工件加工　　　　B. 循环　　　　　　C. 回零　　　　　D. 手动进给

131. 数控机床编辑状态时模式选择开关应放在（　　）。

　　A. AUTO　　　　B. PRGRM　　　C. ZERO　RETURN　　　D. EDIT

132. 数控机床回零时，要（　　）。

　　A. X,Z 同时　　　　B. 先刀架　　　　C. 先 Z,后 X　　　D. 先 X,后 Z

133. 数控机床的快速进给速率选择的倍率对手动脉冲发生器的速率（　　）。

　　A. 25％有效　　　　B. 50％有效　　　C. 无效　　　　　D. 100％有效

134. 当数控机床的手动脉冲发生器的选择开关位置在 X100 时，手轮的进给单位是（　　）。

　　A. 0.1mm/格　　　B. 0.001mm/格　　C. 0.01mm/格　　D. 1mm/格

135. 数控机床的主轴速度控制盘的英文是（　　）。

　　A. SPINDLE　OVERRIDE　　　　　B. TOOL　SELECT
　　C. RAPID　TRAVERSE　　　　　　D. HAND　LEFEED

136. 当模式选择开关在（　　）状态时，数控机床的刀具指定开关有效。

　　A. SPINDLE　OVERRIDE　　　　　B. JOG　FEED
　　C. RAPID　TRAVERSE　　　　　　D. ZERO　RETURN

137. 数控机床的冷却液开关在（　　）位置时，是手动控制冷却液的开关。

　　A. SPINDLE　　　B. OFF　　　C. COOLANT　ON　　　D. M　CODE

138. 数控机床的（　　）开关的英文是 SLEEVE。

　　A. 冷却液　　　B. 主轴微调　　　C. 指定刀具　　　D. 尾座套筒

139. 数控机床的程序保护开关的处于（　　）位置时，不能对程序进行编辑。

　　A. OFF　　　　B. IN　　　　C. OUT　　　　D. ON

140. 数控机床的条件信息指示灯（　　）亮时，说明按下急停按扭。

　　A. EMERGENCY　STOP　　　　　B. ERROR
　　C. START　CONDITION　　　　　D. MILLING

141. 数控机床的单段执行开关扳到（　　）时，程序连续执行。

　　A. OFF　　　B. ON　　　C. IN　　　D. SINGLE　BLOCK

142. 数控机床的块删除开关扳到 BLOCK　DELETE 时，程序执行（　　）。

　　A. 所有命令　　　　　　B. 带有"/"的语句

C. 没有"/"的语句　　　　　　D. 不能判断

143. 数控机床需要机床锁定时，开关的位置是（　　）。

　　A. OFF　　　　　B. MACHINE LOCK　　　C. ON　　　　　D. IN

144. 数控机床试运行开关扳到（　　）位置，在"MDI"状态下运行机床时，程序中给定的进给速度无效。

　　A. OFF　　　　　B. ON　　　　　C. DRY RUN　　　　D. IN

145. 对于深孔件的尺寸精度，可以用（　　）进行检验。

　　A. 内径千分尺或内径百分表　　　　　B. 塞规或内径百分表
　　C. 外径千分尺　　　　　　　　　　　D. 塞规或内卡钳

146. 偏心距较大的工件，不能采用直接测量法测出偏心距，这时可用（　　）采用间接测量法测出偏心距。

　　A. 百分表和高度尺　　　　　　　　B. 卡尺和千分尺
　　C. 百分表和千分尺　　　　　　　　D. 百分表和卡尺

147. 双偏心工件是通过偏心部分（　　）与基准之间的距离来检验偏心部分与基准部分轴线间的关系。

　　A. 轴线　　　　B. 基准线　　　　C. 最低点　　　D. 最高点

148. 使用分度头检验轴径夹角误差的计算公式是 $\sin\triangle\theta=\triangle L/R$。式中$\triangle L$是两曲轴轴径的（　　）。

　　A. 中心高度差　　B. 直径差　　　C. 角度差　　　D. 半径差

149. 使用量块检验轴径夹角误差时，量块高度的计算公式是（　　）。

　　A. $h=M-0.5(D+d)-R\sin\theta$　　　　B. $h=M+0.5(D+d)-R\sin\theta$
　　C. $h=M-0.5(D+d)+R\sin\theta$　　　　D. $h=M+0.5(D+d)+R\sin\theta$

150. 将两半箱体通过定位部分或定位元件合为一体，用检验心棒插入基准孔和被测孔，如果检验心棒不能自由通过，则说明（　　）不符合要求。

　　A. 圆度　　　　B. 垂直度　　　C. 平行度　　　D. 同轴度

151. 如果两半箱体的同轴度要求不高，可以在两被测孔中插入检验心棒，将百分表固定在其中一个心棒上，百分表测头触在另一孔的心棒上，百分表转动一周，（　　），就是同轴度误差。

　　A. 所得读数差的一半　　　　　　B. 所得读数的差
　　C. 所得读数差的二倍　　　　　　D. 以上均不对

152. 使用三针测量蜗杆的法向齿厚，要将齿厚偏差换算成（　　）测量距偏差。

　　A. 量针　　　　B. 齿槽偏差　　　C. 分度圆　　　D. 齿顶圆

153. 用一夹一顶或两顶尖装夹轴类零件，如果后顶尖轴线与主轴轴线不重合，工件会产生（　　）误差。

　　A. 圆度　　　　　B. 跳动　　　　　C. 圆柱度　　　　D. 同轴度

154. 铰孔时，如果（　　），铰出孔的孔口会扩大。

　　A. 车床尾座偏移　　B. 铰刀尺寸大　　C. 尺寸精度超差　　D. 铰刀尺寸小

155. 车孔时，如果车孔刀逐渐磨损，车出的孔（　　）。

　　A. 表面粗糙度大　　　B. 圆柱度超差　　　　C. 圆度超差　　　D. 同轴度超差

156. 用偏移尾座法车圆锥时若尾座偏移量不正确，会产生（　　）误差。

　　A. 尺寸　　　　　B. 锥度（角度）　　　C. 形状　　　D. 位置

157. 车削螺纹时，中径产生尺寸误差产生的原因是（　　）。

　　A. 背吃刀量太小　　B. 车刀切深不正确　　C. 切削速度太低　　D. 挂轮不正确

158. 车削蜗杆时，蜗杆车刀切深不正确会使蜗杆（　　）产生误差。

　　A. 大径　　　　　B. 分度圆直径　　　　C. 齿形角　　　D. 粗糙度

159. 车削箱体类零件上的孔时，如果车刀磨损，车出的孔会产生（　　）误差。

　　A. 轴线的直线度　　　B. 圆柱度　　　　C. 圆度　　　D. 同轴度

160. 加工箱体类零件上的孔时，（　　），会使同轴线上两孔的同轴度产生误差。

　　A. 角铁没有精刮　　　　　　　　B. 花盘角铁没找正

　　C. 刀杆刚性差　　　　　　　　　D. 车削过程中，箱体位置发生变动

二、判断题（第161～200题。）

161. （　　）职工必须严格遵守各项安全生产规章制度。

162. （　　）工、卡、刀、量具要放在工作台上。

163. （　　）由两个或多个相交的剖切平面剖切得出的移出断面，中间一般应断开。

164. （　　）特殊黄铜是指含锌量较高形成双相的铜锌合金。

165. （　　）常用刀具材料的种类有碳素工具钢、合金工具钢、高速钢、硬质合金钢。

166. （　　）碳素工具钢和合金工具钢用于制造中、低速成型刀具。

167. （　　）常用硬质合金的牌号有 T8A。

168. （　　）分度头涡轮蜗杆的传动比是 1/20。

169. （　　）工频电流对人的危险性最小。

170. （　　）企业的质量方针是企业的全面的质量宗旨和质量方向。

171. （　　）箱体在加工时应先将箱体的底平面加工好，然后以该面为基准加工各孔和其他高度方向的平面。

172. （　　）正等测轴测图的轴间角为 180°。

173.（　）识读装配图的要求是了解装配图的名称、用途、性能、结构和配合性质。

174.（　）被加工表面与基准面平行的工件适用在花盘角铁上装夹加工。

175.（　）由于数控车床主轴转速较高，所以多采用液压高速动力卡盘。

176.（　）当液压卡盘的夹紧力不足时，应加大油缸压力，并设法改善卡盘的润滑状况。

177.（　）工件以外圆定位，配车数控车床液压卡盘卡爪时，应在空载状态下进行。

178.（　）数控自定心中心架在使用时靠手动调整，使中心架夹紧和松开，能实现高精度定心工件。

179.（　）为保证数控自定心中心架夹紧零件的中心与机床主轴中心重合须使用千分尺和百分表调整。

180.（　）数控车床的转塔刀架机械结构复杂，使用中故障率相对较高，因此在使用维护中要足够重视。

181.（　）数控车床的转塔刀架轴向刀具多用于外圆的加工。

182.（　）数控车床的内孔车刀通过定位环安装在转塔刀架的转塔刀盘上。

183.（　）数控加工工艺特别强调定位加工，所以，在加工时应采用自为基准的原则。

184.（　）在 ISO 标准中，G02 是顺时针圆弧插补指令。

185.（　）根据 ISO 标准，当刀具中心轨迹在程序轨迹前进方向左边时称为左刀具补偿，用 G41 指令表示。

186.（　）刀具长度补偿指令 G43 是将 H 代码指定的已存入偏置器中的偏置值加到运动指令终点坐标去。

187.（　）用近似计算法逼近零件轮廓时产生的误差称一次逼近误差，它出现在用直线或圆弧去逼近零件轮廓的情况。

188.（　）旋转体类零件，宜采用数控加工中心或数控磨床加工。

189.（　）FANUC 系统中，M98 指令是主轴低速范围指令。

190.（　）程序段 G71 P0035 Q0060 U4.0 W2.0 S500 中，Q0060 的含义是精加工路径的最后一个程序段顺序号。

191.（　）程序段 G72 P0035 Q0060 U4.0 W2.0 S500 是端面粗加工循环指令，用于切除锻造毛坯的大部分余量。

192.（　）程序段 G72 P0035 Q0060 U4.0 W2.0 S500 中，U4.0 的含义是 X 轴方向的背吃刀量。

193.（　）程序段 G73 P0035 Q0060 U1.0 W0.5 F0.3 是固定形状粗加工循环指令。

194.（　）程序段 G75 X20.0 P5.0 F0.15 中，X20.0 的含义是沟槽直径。

195.（　）使用外径千分尺可以测量深孔件的圆度精度。

196.（　）检验箱体工件上的立体交错孔的垂直度时，先用千分尺找正基准心棒，使基准孔与检验平板垂直，然后用百分表测量测量心棒两处，百分表差值即为测量长度内两孔轴线的垂直度误差。

197. （　　）检验箱体工件上的立体交错孔的垂直度时，在基准心棒上装一百分表，测头顶在测量心棒的圆柱面上，旋转 180° 后再测，即可确定两孔轴线在测量长度内的垂直度误差。

198. （　　）使用齿轮游标卡尺可以测量蜗杆的轴向齿厚。

199. （　　）车削轴类零件时，如果车床刚性差，滑板镶条太松，传动零件不平衡，在车削过程中会引起振动，使工件表面粗糙度达不到要求。

200. （　　）用仿形法车圆锥时产生锥度（角度）误差的原因是靠模板角度调整不正确。

练习题四

一、单项选择（第 1～160 题。选择一个正确的答案，将相应的字母填入题内的括号中。每题 0.2 分，满分 80。）

1. 职业道德的内容不包括（　　）。

　　A. 职业道德意识　　　　　　　　B. 职业道德行为规范
　　C. 从业者享有的权利　　　　　　D. 职业守则

2. 职业道德基本规范不包括（　　）。

　　A. 遵纪守法廉洁奉公　　　　　　B. 公平竞争，依法办事
　　C. 爱岗敬业忠于职守　　　　　　D. 服务群众奉献社会

3. 爱岗敬业就是对从业人员（　　）的首要要求。

　　A. 工作态度　　　B. 工作精神　　　C. 工作能力　　　D. 以上均可

4. 遵守法律法规不要求（　　）。

　　A. 遵守国家法律和政策　　　　　B. 遵守劳动纪律
　　C. 遵守安全操作　　　　　　　　D. 延长劳动时间

5. 具有高度责任心应做到（　　）。

　　A. 责任心强，不辞辛苦，不怕麻烦　　B. 不徇私情，不谋私利
　　C. 讲信誉，重形象　　　　　　　　　D. 光明磊落，表里如一

6. 违反安全操作规程的是（　　）。

　　A. 执行国家劳动保护政策　　　　B. 可使用不熟悉的机床和工具
　　C. 遵守安全操作规程　　　　　　D. 执行国家安全生产的法令、规定

7. 不爱护设备的做法是（　　）。

　　A 保持设备清洁　　B 正确使用设备　　C. 自己修理设备　　D. 及时保养设备

8. 不符合着装整洁文明生产要求的是（　　）。

　A. 按规定穿戴好防护用品　　　　B. 遵守安全技术规定
　C. 优化工作环境　　　　　　　　D. 在工作中吸烟

9. 圆柱被倾斜于轴线的平面切割后产生的截交线为（　　）。

　A. 圆形　　　　B. 矩形　　　　C. 椭圆　　　　D. 直线

10. 具有互换性的零件应是（　　）。

　A. 相同规格的零件B. 不同规格的零件
　C. 相互配合的零件D. 形状和尺寸完全相同的零件

11. QT900-2的硬度范围在（　　）HBS。

　A. 130～180　　B. 170～230　　C. 225～305　　D. 280～360

12. 高温回火主要适用于（　　）。

　A. 各种刀具　　B. 各种弹簧　　C. 各种轴　　　D. 各种量具

13. 属于防锈铝合金的牌号是（　　）。

　A. 5A02（LF21）B. 2A119110　　C. 7A04（LC4）D. 2A70（LD7）

14. 普通黄铜H68平均含锌量为（　　）％

　A. 6　　　　　B. 8　　　　　　C. 68　　　　　D. 32

15. V带的截面形状为梯形，与轮槽相接的（　　）为工作面。

　A. 所有表面　　B. 低面　　　　C. 两侧面　　　D. 单侧面

16. 切削时切削刃会受到很大的压力忽然冲击力，因此刀具必须具备足够的（　　）。

　A. 硬度　　　　B. 强度和韧性　　C. 工艺性　　　D. 耐磨性

17. （　　）是在钢中加入较多的钨、钼、钒等合金元素，用于制造形状复杂的切削刀具。

　A. 硬质合金　　B. 高速钢　　　C. 合金工具钢　D. 碳素工具钢

18. 高速钢的特点是高硬度、高耐磨性、高热硬度，热处理（　　）等。

　A. 变形大　　　B. 变形小　　　C. 变形严重　　D. 不变形

19. 硬质合金的特点是耐热性（　　），切削率高，但刀片强度、韧性不及工具钢，焊接刃磨工艺较差。

　A. 好　　　　　B. 差　　　　　C. 一般　　　　D. 不确定

20. 表示主运动及进给运动大小的参数是（　　）。

　A. 切削速度　　B. 切削用量　　C. 进给量　　　D. 切削深度

21. 游标量具中，主要用于测量工作的高度尺寸和进行划线的工具叫（　　）。

　　A. 游标深度尺　　B. 游标高度尺　　C. 游标齿厚尺　　D. 外径千分尺

22. （　　）上装有活动量爪，并装有游标和紧固螺钉。

　　A. 尺框　　　　　B. 尺身　　　　　C. 尺头　　　　　D. 微动装置

23. 不能用游标卡尺去测量（　　），因为游标卡尺存在一定的示值误差。

　　A. 齿轮　　　　　B. 毛坯件　　　　C. 成品件　　　　D. 高精度件

24. 千分尺微分筒转动一周，测微螺杆移动（　　）mm.

　　A. 0.1　　　　　B. 0.01　　　　　C. 1　　　　　　D. 0.5

25. 千分尺读数时（　　）。

　　A. 不能取下　　　　　　　　B. 必须取下
　　C. 最好不取下　　　　　　　D. 先取下，再锁紧，然后读数

26. （　　）由百分表和专用架组成，用于测量孔的直径和孔的形状误差。

　　A. 外经百分表　　B. 杠杆百分表　　C. 内经百分表　　D. 杠杆千分尺

27. 车床主轴的生产类型为（　　）。

　　A. 单件生产　　　B. 成批生产　　　C. 大批量生产　　D. 不确定

28. 轴类零件孔加工应安排在调制（　　）进行。

　　A. 以前　　　　　B. 以后　　　　　C. 同时　　　　　D. 前或后

29. 减速器箱体加工过程第一阶段完成（　　）、连接孔、定位孔的加工。

　　A. 侧面　　　　　B. 端面　　　　　C. 轴承孔　　　　D. 主要平面

30. 箱体重要加工表面要划分（　　）两个阶段。

　　A. 粗、精加工　　B. 基准、非基准　C. 大与小　　　　D. 内与外

31. 圆柱齿轮传动的精度要求有运动精度、工作平稳性（　　）等几个方面精度要求。

　　A. 几何精度　　　B. 平行度　　　　C. 垂直度　　　　D. 接触精度

32. 车床主轴齿轮精车前热处理方法为（　　）。

　　A. 正火　　　　　B. 淬火　　　　　C. 高频淬火　　　D. 表面热处理

33. 润滑剂的作用有润滑作用、冷却作用、（　　）、密封作用等。

　　A. 防锈作用　　　B. 磨合作用　　　C. 静压作用　　　D. 稳定作用

34. 润滑剂有润滑油、润滑脂和（　　）。

　　A. 液体润滑剂　　B. 固体润滑剂　　C. 冷却液　　　　D. 润滑液

35. 常用固体润滑剂有石墨、二硫化铝、（　　）。

　　A. 润滑脂　　　　B. 聚四氟乙烯　　C. 钠基润滑脂　D. 锂基润滑脂

36. 錾削时的切削角度，应使后角在（　　）之间，以防錾子扎入或滑出工件。

　　A. 10°～15°　　　　B. 12°～18°　　　　C. 15°～30°　　　D. 5°～8°

37. 深缝锯削时，当锯缝的深度超过锯弓的高度应将锯条（　　）。

　　A. 从开始连续锯到结束　　　　　　B. 转过 90°重新装夹
　　C. 装得松一些　　　　　　　　　　D. 装得紧一些

38. 锉削外圆弧面时，采用对着圆弧面锉的方法适用于（　　）场合。

　　A. 粗加工　　　　B. 精加工　　　　C. 半精加工　　D. 粗加工和精加工

39. 后角刃磨正确的标准麻花钻，其横刃斜角为（　　）。

　　A. 20°～30°　　　B. 30°～45°　　　C. 50°～55°　　D. 55°～70°

40. 关于转换开关叙述不正确的是（　　）。

　　A. 组合开关结构较为紧凑　　　　　B. 倒顺开关手柄只能在90度范围内旋转
　　C. 组合开关常用于机床控制线路中　D. 倒顺开关多用于大容量电机控制线路中

41. 熔断器的种类分为（　　）。

　　A. 瓷插式和螺旋式两种　　　　　　B. 瓷保护式和螺旋式两种
　　C. 瓷插式和卡口式种　　　　　　　D. 瓷保护式和卡口式两种

42. 接触器分类为（　　）。

　　A. 交流接触器和支流接触器　　　　B. 控制接触器和保护接触器
　　C. 主要接触器和辅助接触器　　　　D. 电压接触器和电流接触器

43. 使用万能表不正确的是（　　）。

　　A. 测支流时注意正负极　　　　　　B. 测量档位要适当
　　C. 可带电测量电阻　　　　　　　　D. 使用前要调零

44. 符合钳型电流表工作特点的是（　　）。

　　A. 必须在断电时使用　　　　　　　B. 可以带电使用
　　C. 操作较复杂　　　　　　　　　　D. 可以测量电压

45. 电动机的分类不正确的是（　　）。

　　A. 交流电动机和直流电动机　　　　B. 异步电动机和同步电动机
　　C. 三相电动机和但相电动机　　　　D. 控制电动机和动力电动机

46. 不符合安全生产一般常识的是（　　）。

　　A. 按规定穿戴好防护用品　　　　　B. 清楚切屑要使用工具

C. 随时清除油污积水　　　　　　　D. 通道上下少放物品

47. 环境保护法的基本任务不包括（　　）。

A. 促进农业开发　　　　　　　　B. 保障人民健康

C. 维护生态平衡　　　　　　　　D. 合理利用自然资源

48. 不属于岗位质量要求的内容（　　）。

A. 对各种岗位质量工作的具体要求　B. 市场需求走势

C. 工艺规程　　　　　　　　　　D. 各项质量记录

49. 主轴零件图的键槽采用局部剖和（　　）的方法表达，这样有利于表注尺寸。

A. 移出剖面　　B. 剖面图　　　C. 旋转剖视图　　D. 全剖视图

50. 图样上符号⊥是（　　）公差叫（　　）。

A. 位置，垂直度　B. 形状，直线度　C. 尺寸，偏差　　D. 形状，圆柱度

51. 偏心轴的结构特点是两轴线平行而（　　）。

A. 重合　　　　B. 不重合　　　C. 倾斜 30°　　　D. 不相交

52. 平行度、同轴度同属于（　　）公差。

A. 尺寸　　　　B. 形状　　　　C. 位置　　　　　D. 垂直度

53. 两拐曲轴颈的（　　）清楚地反映出两曲轴颈之间互成 180 夹角。

A. 俯视图　　　B. 主视图　　　C. 剖视图　　　　D. 半剖视图

54. 齿轮零件的剖视图表示了内花键的（　　）。

A. 几何形状　　B. 相互位置　　C. 长度尺寸　　　D. 内部尺寸

55. 齿轮的花键宽度 $8^{+0.065}_{+0.035}$，最小极限尺寸为（　　）。

A. 7.935　　　B. 7.965　　　C. 8.035　　　　D. 8.065

56. 画零件图的方法步骤是：1. 选择比例和图幅；2. 布置图面，完成底稿；3. 检查底稿后，再描深图形；4. （　　）。

A. 填写标题栏　B. 布置版面　　C. 标注尺寸　　　D. 存档保存

57. C630 型车床主轴全剖或局部剖视图反映出零件的（　　）和结构特征。

A. 表面粗糙度　B. 相互位置　　C. 尺寸　　　　　D. 几何形状

58. CA6140 型车床尾座的主视图采用（　　），它同时反映了顶尖、丝杠、套筒等主要结构和尾座体、导板等大部分结构。

A. 全部面　　　B. 阶梯剖视　　C. 局部剖视　　　D. 剖面图

59. 识读装配图的方法之一是从标题栏和明细表中了解部件的（　　）和组成部分。

　　A. 比例　　　　　B. 名称　　　　　C. 材料　　　　　D. 尺寸

60. 若蜗杆加工工艺规程中工艺路线长、工序多则属于（　　）。

　　A. 工序基准　　　B. 工序集中　　　C. 工序统一　　　D. 工序分散

61. 采用两顶尖偏心中心孔的方法加工曲轴轴颈，关键是两端偏心中心孔的（　　）保证。

　　A. 尺寸　　　　　B. 精度　　　　　C. 位置　　　　　D. 距离

62. （　　）与外圆的轴线平行不重合的工件，称为偏心轴。

　　A. 中心线　　　　B. 内径　　　　　C. 端面　　　　　D. 外圆

63. 相邻两牙在中径线上对应两点之间的（　　），称为螺距。

　　A. 斜线距离　　　B. 角度　　　　　C. 长度　　　　　D. 轴线距离

64. 增大装夹时的接触面积，可采用特制的（　　）和开缝套筒，这样可使夹紧力 P 布均匀，减小工件的变形。

　　A. 夹具　　　　　B. 三爪　　　　　C. 四爪　　　　　D. 软卡爪

65. 数控车床采用（　　）电动机经滚珠杠传到滑板和刀架，以控制刀具实现纵向（Z向）和横向（X向）进给运动。

　　A. 交流　　　　　B. 伺服　　　　　C. 异步　　　　　D. 同步

66. 伺服驱动系统由伺服驱动电路和驱动装置组成，驱动装置主要有（　　）电动机，进给系统的步进电动机或交、支流伺服电动机等。

　　A. 异步　　　　　B. 三相　　　　　C. 主轴　　　　　D. 进给

67. 数控车床切削用量的选择，应根据机床性能、（　　）原理并结合实践经验来确定。

　　A. 数控　　　　　B. 加工　　　　　C. 刀具　　　　　D. 切削

68. 编制数控车床加工工艺时，要求装夹方式要有利于编程时数学计算的（　　）性和精确性。

　　A. 可用　　　　　B. 简便　　　　　C. 工艺　　　　　D. 辅助

69. 空间直角坐标系中的自由体，共有（　　）个自由度。

　　A. 七　　　　　　B. 五　　　　　　C. 六　　　　　　D. 八

70. 长方体工件的侧面靠在两个支撑点上，限制（　　）个自由度。

　　A. 三　　　　　　B. 两　　　　　　C. 一　　　　　　D. 四

71. 欠定位不能保证加工质量，往往回产生废品，因此（　　）允许的。

　　A. 特殊情况下　　B. 可以　　　　　C. 一般条件下　　D. 绝对不

72. 重复定位能提高工的（   ），但对工件的定位精度有影响，一般是不允许的。

    A. 塑性   B. 强度   C. 刚性   D. 韧性

73. 夹紧力的（   ）应与支撑点相对，并尽量作用在工件刚性较好的部位，以减小工件变形。

    A. 大小   B. 切点   C. 作用点   D. 方向

74. 螺钉夹紧装置，为防止螺纹拧紧时对主工件造成压痕，可采用（   ）压块装置。

    A. 滚动   B. 滑动   C. 摆动   D. 振动

75. 偏心夹紧装置中心轴的转动中心与几何中心（   ）。

    A. 垂直   B. 不平行   C. 平行   D. 不重合

76. 偏心工件的装夹方法有：两顶尖装夹、四爪卡盘装夹、三爪卡盘装夹、偏心卡盘装夹、双重卡盘装夹、（   ）夹具装夹等。

    A. 组合   B. 随行   C. 专用偏心   D. 气动

77. 高速钢具有制造简单、刃磨方便、（   ）韧性好和耐冲击等优点。

    A. 安装方便   B. 刃口锋利   C. 结构简单   D. 重量轻

78. 硬质合金含钨量多的（   ），含钴量多的强度高、韧性好。

    A. 硬度高   B. 耐磨性好   C. 工艺性好   D. 制造简单

79. 钨钛钴类硬质合金是由碳化钨、碳化钛和（   ）组成

    A. 钒   B. 铌   C. 钼   D. 钴

80. 负前角仅适用于硬质合金车刀车削锻件、铸件毛坯和（   ）的材料。

    A. 硬度低   B. 硬度很高   C. 耐热性   D. 强度高

81. 高速钢车刀加工中碳钢和中碳合金钢时前角一般为（   ）。

    A. 6℃～8℃   B. 35℃～40℃   C. −15℃   D. 25℃～30℃

82. 车刀的后角可配合前角调整好刀刃的（   ）和强度。

    A. 宽度   B. 锐利程度   C. 长度   D. 高度

83. 主偏角影响刀尖部分的强度与（   ）条件，影响切削力的大小。

    A. 加工   B. 散热   C. 刀具参数   D. 几何

84. 刀头宽度粗车刀的刀头宽度应为 1/3 螺距宽，精车刀的刀头宽应（   ）牙槽底宽。

    A. 小于   B. 大于   C. 等于   D. 为 1/2

85. 刀具的（　　）要符合要求，以保证良好的切削性能。

　　A. 几何特性　　　　B. 几何角度　　　　C. 几何参数　　　　D. 尺寸

86. 高速钢刀具的刃口圆弧半径最小可磨到（　　）。

　　A. 10～15um　　　B. 1～2mm　　　C. 0.1～0.3mm　　　D. 50～100um

87. 高速钢梯形螺纹精车刀的牙形角（　　）。

　　A. 15℃±10′　　　B. 30℃±10′　　　C. 30℃±20′　　　D. 29℃±10′

88. 工件的精度和表面粗糙度在很大长上决定与主轴部件的刚度和（　　）精度。

　　A. 测量　　　　　B. 形状　　　　　C. 位置　　　　　D. 回转

89. 当纵向机动进给接通时，开合螺母也就不能合上，（　　）接通丝杠传动。

　　A. 开机　　　　　B. 可以　　　　　C. 通电　　　　　D. 不B. 会

90. CA6140 车床开合螺母机由半螺母、（　　）、槽盘、锲铁、手柄、轴、螺钉和螺母组成。

　　A. 圆锥销　　　　B. 圆柱销　　　　C. 开口销　　　　D. 丝杠

91. 中滑板丝杠与（　　）部分由前螺母、螺钉、中滑板、后螺母、（　　）和锲块组成。

　　A. 圆锥销　　　　B. 丝杠　　　　　C. 圆柱销　　　　D. 光杠

92. 进给运动则是将主轴箱的运动交换经（　　）箱，再经过进给箱变速后由丝杠和光杠驱动溜板箱、床鞍、滑板、刀架，以实现车刀的进给运动。

　　A. 齿轮　　　　　B. 进给　　　　　C. 走刀　　　　　D. 挂轮

93. 主轴上的滑移齿轮 $Z=50$ 向右移，使（　　）式离合器 M2 接合时，使主轴获得中、低转速。

　　A. 摩擦　　　　　B. 齿轮　　　　　C. 超越　　　　　D. 叶片

94. 当卡盘本身的精度较高，装上主轴后圆跳动大的主要原因是主轴（　　）过大。

　　A. 转速　　　　　B. 旋转　　　　　C. 跳动　　　　　D. 间隙

95. 主轴轴承间隙过小，使（　　）增加，摩擦热过多，造成主轴温度过高。

　　A. 应力　　　　　B. 外力　　　　　C. 摩擦力　　　　D. 切削力

96. 参考点与机床原点的相对位置由 Z 向 X 向的（　　）挡块来确定。

　　A. 测量　　　　　B. 电动　　　　　C. 液压　　　　　D. 机械

97. 细长轴工件图样上的（　　）画法用移出剖视表示。

　　A. 外圆　　　　　B. 螺纹　　　　　C. 锥度　　　　　D. 键槽

98. 加工细长轴一般采用（　　）装夹方法。

    A. 一夹一顶　　　　B. 两顶尖　　　　C. 鸡心夹　　　　D. 专用夹具

99. 车削细长轴时一般选用 45℃车刀、75℃左偏刀、90℃左偏刀、切槽刀、（　　）刀和中心钻等。

    A. 钻头　　　　　　B. 螺纹　　　　　C. 挫　　　　　　D. 铣

100. 测量细长轴（　　）公差的外径时应使用游标卡尺。

    A. 形状　　　　　　B. 长度　　　　　C. 尺寸　　　　　D. 自由

101. 为避免中心架支撑直接和（　　）表面接触，安装中心架之前，应先在工件中间车一段安装中心架支撑爪的沟槽，这样可减小中心架支撑爪的磨损。

    A. 光滑　　　　　　B. 加工　　　　　C. 内孔　　　　　D. 毛坯

102. 在整个加工过程中，支撑爪与工件接触处应经常加润滑油，以减小（　　）。

    A. 内应力　　　　　B. 变形　　　　　C. 磨损　　　　　D. 粗糙度

103. 跟刀架固定在床鞍上，可以跟着车刀来抵消（　　）切削力。

    A. 主　　　　　　　B. 轴向　　　　　C. 径向　　　　　D. 横向

104. 调整跟刀架时，应综合运用手感、耳听、目测等方法控制支撑爪，使其轻轻接触到（　　）。

    A. 顶尖　　　　　　B. 机床　　　　　C. 刀架　　　　　D. 工件

105. 伸长量与工件的总长度有关，对于长度较短的工件，热变形伸长量（　　），可忽略不计。

    A. 一般　　　　　　B. 较大　　　　　C. 较小　　　　　D. 为零

106. 加工细长轴时，如果采用一般的顶尖，由于两顶尖之间的距离不变，当工件在加工过程中受热变形伸长时，必然会造成工件（　　）变形。

    A. 挤压　　　　　　B. 受力　　　　　C. 热　　　　　　D. 弯曲

107. 偏心工件的安装夹方法有：两顶尖装夹、四爪卡盘装夹、三爪卡盘装夹、偏心卡盘装夹、双重卡盘装夹、（　　）夹具装夹等。

    A. 专用偏心　　　　B. 随行　　　　　C. 组合　　　　　D. 气动

108. 两顶尖装夹的优点是安装时不用找正，（　　）精度较高。

    A. 定位　　　　　　B. 加工　　　　　C. 位移　　　　　D. 回转

109. 垫片的厚度近似公式计算中 $\triangle e$ 表示试车后，（　　）偏心距与所要求的偏心距误差既：（$\triangle e = e - e_{测}$）

    A. 实测　　　　　　B. 理论　　　　　C. 图纸上　　　　D. 计算

110. 偏心卡盘分两层,底盘安装在( )上,三爪定心卡盘安装上偏心体上,偏心体与底盘燕尾槽配合。

    A. 刀架   B. 尾坐   C. 卡盘   D. 主轴

111. 双重卡盘装夹工件安装方便,不需调整,但它的刚性较差,不宜选择较大的( ),适用于小批量生产。

    A. 车床   B. 转速   C. 切身   D. 切削用量

112. 车削偏心轴的专用偏心夹具,偏心套做成( )形,外圆夹在卡盘上。

    A. 矩形   B. 圆柱   C. 圆锥   D. 台阶

113. 曲轴车削中除保证各曲柄( )对主轴径的尺寸和位置精度外,还要保证曲柄轴承间的角度要求。

    A. 机构   B. 遥杆   C. 滑块   D. 轴颈

114. 为了减小曲轴的弯曲和扭转变形,可采用两端传动或中间传动方式进行加工。并尽量采用有前后刀架的机床使加工过程中产生的( )互相抵消。

    A. 切削力   B. 抗力   C. 摩擦力   D. 夹紧力

115. 测量曲轴量具有游标卡尺、千分尺、万能角度尺、( )、螺纹环规等。

    A. 钢直尺   B. 测微仪   C. 卡规   D. 秒表

116. 车削曲轴前应先将其进行划线,并根据划线( )。

    A. 切断   B. 加工   C. 找正   D. 测量

117. 用花盘车非整圆孔工件时,先把花盘盘面精车一刀,把V形架轻轻固定在( )上,把工件圆弧面靠V形架上用压板轻压。

    A. 刀架   B. 角铁   C. 主轴   D. 花盘

118. 车削非整圆孔工件时注意在花盘上加工时,工件、定位件( )等要装紧牢固。

    A. 平衡块   B. 垫铁   C. 螺钉   D. 螺母

119. 工件图样中的梯形螺纹( )轮廓线用出实线表示。

    A. 刨面   B. 中心   C. 牙形   D. 小径

120. 车削梯形螺纹的刀具有45℃、90℃车刀、切槽刀、( )螺纹刀、中心钻等。

    A. 矩形   B. 梯形   C. 三角形   D. 菱形

121. 梯形螺纹的测量一般采用( )测量法测量螺纹的中径。

    A. 辅助   B. 法向   C. 圆周   D. 三针

122. 低速车削螺距小于4mm的梯形螺纹时,可以一把梯形螺纹刀并用少量

（　　）进给车削成型。

　　A. 横向　　　　　　B. 直接　　　　　　C. 间接　　　　　　D. 左右

123. 梯形螺纹分米制梯形螺纹和（　　）梯形螺纹两种。

　　A. 英制　　　　　　B. 公制　　　　　　C. 30°　　　　　　D. 40°

124. 梯形螺纹的代号用"Tr"表示及公称直径和（　　）表示。

　　A. 牙顶宽　　　　　B. 导程　　　　　　C. 角度　　　　　　D. 螺距

125. 加工 Tr36×6 的梯形螺纹时，它的牙高为（　　）mm。

A. 3.5　　　　　　　B. 3　　　　　　　　C. 4　　　　　　　　D. 3.25

126. 粗车螺距大于 4mm 的梯形螺纹时，可采用（　　）切削法或车直槽法。

A. 左右　　　　　　　B. 直进　　　　　　C. 直进　　　　　　D. 自动

127. 精车矩形螺纹时，应采用（　　）法加工。

　　A. 直进　　　　　　B. 左右切削　　　　C. 切削槽　　　　　D. 分度

128. 加工矩形 42×6 的内螺纹时/其小径 D_1 为（　　）mm。

A. 35　　　　　　　　B. 38　　　　　　　C. 37　　　　　　　D. 36

129. 蜗杆的法向齿厚应单独画出（　　）剖视，并标注尺寸及粗糙度。

　　A. 螺旋　　　　　　B. 半　　　　　　　C. 局部移出　　　　D. 全

130. 粗车是使蜗杆牙形基本成型；精车是保证齿形螺距的（　　）尺寸。

　　A. 角度　　　　　　B. 外径　　　　　　C. 公差　　　　　　D. 法向齿厚

131. 蜗杆的齿形和（　　）螺纹的相似，米制蜗杆的牙型角为（　　）度。

　　A. 锯齿形　　　　　B. 矩形　　　　　　C. 方牙　　　　　　D. 梯形

132. 法向直廓蜗杆又称 ZN 蜗杆，这种蜗杆在法向平面内齿形为直线，而在垂直于轴线（　　）的内齿形为延长线渐开线，所以又称延长线开线蜗杆。

　　A. 水平面　　　　　B. 基面　　　　　　C. 剖面　　　　　　D. 前面

133. 蜗杆的齿顶圆直径用字母"（　　）"表示。

A. d_a　　　　　　　B. d_f　　　　　　C. sn　　　　　　　D. h

134. 蜗杆的齿形角是在通过蜗杆的剖面内，轴线的面与（　　）之间的夹角。

　　A. 端面　　　　　　B. 大径　　　　　　C. 齿侧　　　　　　D. 齿根

135. 根据多线蜗杆在轴向个圆周上等距分布的特点，分线方法有轴向线和（　　）。

　　A. 圆周　　　　　　B. 角度　　　　　　C. 齿轮　　　　　　D. 自动

136. 车削轴向模数 $m_x=3$ 的双线蜗杆，如果车床小滑板刻度盘每格为 0.05mm，小滑板应转过的格数为（　　）。

A. 123.528　　　　B. 188.496　　　　C. 169.12　　　　D. 147.321

137. 利用百分表和量块分线时，把百分表固定在刀架上，并在床鞍上装一（　　）拦块。

A. 横向　　　　B. 可调　　　　C. 滑动　　　　D. 固定

138. 在一般情况先，交换齿轮 Z_1 到主轴之间的传动比是 1：1，Z_1 转过的角度（　　）工件转过的角度。

A. 不等于　　　　B. 大于　　　　C. 小于　　　　D. 等于

139. 利用三爪卡盘分线时，只需把后顶尖松开，把工件连同（　　）夹头转动一个角度，由卡盘的另一爪拨动，在顶好后顶尖，就可以车削第二圈的螺纹槽。

A. 鸡心　　　　B. 钻　　　　C. 浮动　　　　D. 弹簧

140. 多孔插盘装在车床的主轴上，转盘上有 12 个等份的，精度很高的（　　）插孔，它可以对 2、3、4、6、8、12 线蜗杆进行分线。

A. 安装　　　　B. 定位　　　　C. 圆锥　　　　D. 矩形

141. 车削法向直廓蜗杆时，采用垂直装刀法。即装夹时，应使车刀两侧刀刃组成的平面与切面（　　）。

A. 相交　　　　B. 平行　　　　C. 垂直　　　　D. 重合

142. 粗车蜗杆时，背刀量过大，会发生"啃刀"现象，所以在车削过程中，应控制切削用量，防止"（　　）"。

A. 啃刀　　　　B. 扎刀　　　　C. 加工硬化　　　　D. 积屑瘤

143. 加工飞轮，量具有：（　　）及一般游标卡尺个一把、125～150mm 千分尺、内径百分表等。

A. 中型　　　　B. 大型　　　　C. 小型　　　　D. 微型

144. 车削飞轮时，将工件支顶在工作台上，找正夹牢并粗车一个端面为（　　）面。

A. 基　　　　B. 装夹　　　　C. 基准　　　　D. 测量

145. 测量连接盘的量具有：游标卡尺、钢直尺、千分尺、塞尺、（　　）尺、内径百分表等。

A. 深度　　　　B. 高度　　　　C. 万能角度　　　　D. 直角

146. 当检验高精度轴向尺寸时量具应选择：检验（　　）、量块、百分表及活动架等。

A. 弯板　　　　B. 平板　　　　C. 量块　　　　D. 水平仪

147. 选好量块组合尺寸后，将量块靠近工件放置在检验平板上，用百分表在量块校正对准（ ）。

    A. 尺寸   B. 工件   C. 量块   D. 零位

148. 量块是精密量具，使用时要注意防腐浊，防（ ），切不可撞击。

    A. 划伤   B. 烧伤   C. 撞   D. 潮湿

149. 圆锥齿轮的零件图中，锥度尺寸计算属于（ ）交点尺寸计算。

    A. 理论   B. 圆弧   C. 直线   D. 实际

150. 若齿面锥度为 $26°33'54''$，背锥角为（ ），此刻背锥面与齿面之间的夹角是 $86°56'23''$。

    A. $79°36'45''$ B. $66°29'23''$ C. $84°$ D. $90°25'36''$

151. 测量两平行非完整孔的中心距时，用内径百分表或杆式内径千分尺直接侧出两孔间的最大距离，然后减去两孔半径之（ ），所得的差即为两孔的中心距。

    A. 积   B. 差   C. 和   D. 商

152. 用正弦规检验锥度的方法：应先从有关表查出莫氏圆锥的圆锥角 α，算出圆锥的（ ）$\alpha/2$。

    A. 斜角   B. 全角   C. 补角   D. 半角

153. 正弦规有工作台、两个直径相同的精密圆柱、（ ）挡板和后挡板等零件组成。

    A. 下   B. 前   C. 前   D. 侧

154. 使用正弦规测量时，在正弦规的一个圆柱下垫上一组量块，量块组的高度可根据被测的工件的圆锥通过（ ）获得。

    A. 计算   B. 测量   C. 校准   D. 查表

155. 使用中心距为 200mm 的正弦规，检验圆锥角为（ ）的莫氏圆锥塞规，圆柱下应垫量块组尺寸是 5.19mm。

    A. $2°29'36''$ B. $2°58'24''$ C. $3°12'24''$ D. $3°02'33''$

156. 测量外圆锥时，将工件的小端立在检验板上，两量棒放在平板上紧靠工件，用千分尺测出两量棒之间的距离，通过（ ）即可解测出工件小端直径。

    A. 换算   B. 测量   C. 比较   D. 调整

157. 把直径 D_1 的大钢球放入锥孔内，用高读尺测出钢球 D_1 最高点到工件的距离，通过计算测出工件（ ）的大小。

    A. 圆锥角   B. 小径   C. 高度   D. 孔径

158. 梯形螺纹（ ）测量中径的方法与测量普通螺纹中径的方法相同，只是千分尺（　　）值 M 的计算公式不同。

    A. 绝对　　　　　B. 读数　　　　　C. 理论　　　　　D. 相对

159. 三针测量蜗杆分度圆直径时千分尺读数值 M 的计算公式：$M = d_2 + 4.864 d_D$ $-(\quad)p$。

    A. 1.866　　　　B. 4.414　　　　C. 3.966　　　　D. 4.316

160. 测量法向齿厚时，先把齿高卡尺调正到齿顶尺寸，同时使齿厚卡尺（的　）面与齿侧平行，这时厚卡尺测得的尺寸就是法向齿厚的实际尺寸。

    A. 侧　　　　　　B. 基准　　　　　C. 背　　　　　　D. 测量

二、判断题（第 161～200 题。）

（　　）161. 职业道德的实质内容是建设全新的社会主义劳动关系。

（　　）162. 工作场地的合理布局，有利于提高劳动生产率。

（　　）163. 基准孔的公差带可以在零线下侧。

（　　）164. 标注配合公差代号是分子表示孔的公差代号，分母表示轴的公差代号。

（　　）165. 带传动是由带轮和带组成。

（　　）166. 按齿轮形状不同可将齿轮传动分为直齿传动和圆锥齿轮传动两类。

（　　）167. 螺旋传动主要是由螺杆、螺母和螺栓组成。

（　　）168. 碳素工具钢和合金工具钢用于制造中、低速成型刀具。

（　　）169. 有较低的摩擦系数，能在 200℃ 高温内工作，常用于重载滚动轴承的是石墨润滑脂。

（　　）170. 锯削时，手锯推出为切削过程，应施加压力，返回行程不切削，不加压力做自然拉回。

（　　）171. 扩孔时的进给量为钻孔的 1.5～2 倍，切削速度为钻孔的 1/2。

（　　）172. 不要在起重机吊臂下行走。

（　　）173. 曲轴颈的偏心距是以另一个曲轴颈的轴心线为基准。

（　　）174. CA6140 型车床尾座压紧在车床上，扳动手柄带动偏心轴转动，可使拉杆带动杠杆和压板升降，这样就可以压紧或松开尾座。

（　　）175. 画装配图要根据零件图的实际大小和复杂程度，确定合适的比例和图幅。

（　　）176. 深孔加工的关键是如何解决深孔钻的几何形状和冷却、排屑问题。

（　　）177. 操作方便，安全省力，夹紧速度快。

（　　）178. 加工细长轴时，三爪跟刀架比两爪跟刀架底使用效果好。

（　　）179. 钨钛钽钴类硬质合金主要用于加工高温合金、高锰钢、不锈钢、合金铸铁等难加工材料。

（　　）180. X 轴位于与工件测量面相平行的一面内，垂直于工件旋转轴线的方向。

（　　）181. 增量编程格式如下：U— W—。

（　　）182. 数控车床在编制加工程序的时候，有直径与半径编程法两种方式。

（　）183. 外圆与内孔偏心的零件叫偏心轴。

（　）184. 四爪卡盘车偏心时，只要按已划好的偏心找正，就能使偏心轴线与车床主轴轴线重合。

（　）185. 在花盘上加工非正圆孔时，花盘平面只准凸。

（　）186. 精车非正圆孔时切削用量要小、防止因继续车削时孔的形状精度超差。

（　）187. 矩形螺纹的各部分尺寸一般标注在左视图上。

（　）188. 车削大螺距的矩形螺纹时先用直进法车至槽低尺寸，再用类似左、右偏刀的精车刀分别精车螺纹的两侧面。

（　）189. 精密的齿轮加工机床的分度蜗轮副，是按 0 级为最高精度等级制造。

（　）190. 锯齿型螺纹车刀的刀尖角对称且相等。

（　）191. 连接盘类零件图的剖面线用粗实线画出。

（　）192. 大型和重型壳体类零件要在立式车床上加工。

（　）193. 立式车床分单柱式和双柱式。

（　）194. 立式车床由于工件及工作台的重力，因而不能长期保证机床精度。

（　）195. 操作立式车床时只能在主传动机构停止运转后测量工件。

（　）196. 量块主要用来进行相对测量的量具

（　）197. 偏心工件图样中，偏心距为 5±0.05，其公差为 0.05mm。

（　）198. 测量偏心机时，应把 V 形架放在检验平板上，工件放在 V 形架中检测。

（　）199. 内径千分尺可用来测量两平行完整孔的心距。

（　）200. Tr36×12（6）表示公称直径为 36 的梯形双头螺纹，螺距为 6mm。

练习题五

一、判断题（将判断结果填入括号中。）

（　）1. 车床的主轴转速在零件加工过程中应根据工件的直径进行调整。

（　）2. 加工螺纹的加工速度应比车外圆的加工速度快。

（　）3. 液压传动中，动力元件是液压缸，执行元件是液压泵，控制元件是油箱。

（　）4. 影响切削温度的主要因素：工件材料、切削用量、刀具几何参数和冷却条件等。

（　）5. 粗加工、断续切削和承受冲击载荷时，为了保证切削刃的强度，应取较小的后角，甚至负前角。

（　）6. 混合式步进电动机具有机械式阻尼器。

（　）7. 数控车床上使用的回转刀架是一种最简单的自动换刀装置。

（　）8. 数控车床能加工轮廓形状特别复杂或难于控制尺寸的回转体。

（　）9. 步进电机在输入一个脉冲时所转过的角度称为步距角。

（　）10. G98 指令定义 F 字段设置的切削速度的单位为：毫米／分。

（　　）11. 乳化液主要用来减少切削过程中的摩擦和降低切削温度。

（　　）12. G98 指令下，F 值为每分进给速度（mm/分）。

（　　）13. 高速钢车刀的韧性虽然比硬质合金高，但不能用于高速切削。

（　　）14. G01 指令是模态的。

（　　）15. GSK928 数控系统的加工程序代码为 ISO 代码。

（　　）16. 在基孔制中，轴的基本偏差从 a 到 h 用于间隙配合。

（　　）17. 用偏刀车端面时，采用从中心向外圆进给，不会产生凹面。

（　　）18. 液压传动系统中，压力的大小取决于液压油流量的大小。

（　　）19. 数控系统中，固定循环指令一般用于精加工循环。

（　　）20. 绝对编程程序：N100G0X100Z200；N110G1X110Z220F300；N120G0X200Z300；系统的反向间补参数在 N110、N120 程序段中将没有作用。

二、选择题：（以下各题只有一个是正确，请将其字母代号填进括号内。每小题 1 分，共 60 分）

1. 在高温下能够保持刀具材料切削性能的是（　　）。

A. 硬度；　　　　B. 耐热性　　　C. 耐磨性；　　　　D. 强度

2. 切削用量中对切削力影响最大的是（　　）。

A. 切削深度；　　B. 进给量　　　C. 切削速度；　　　D. 影响相同

3. 980 数控系统中，前刀架顺 / 逆时针圆弧切削指令是（　　）。

A. G00/G01　　　B. G02/G03　　C. G01/G00　　　　D. G03/G02

4. 980 圆弧指令中的 I 表示（　　）。

A. 圆心的坐标在 X 轴上的分量

B. 圆心的坐标在 Z 轴上的分量

5. MDI 运转可以（　　）。

A. 通过操作面板输入一段指令并执行该程序段

B. 完整的执行当前程序号和程序段

C. 按手动键操作机床

6. 高速钢刀比硬质合金刀具韧性好，允许选用较大的前角，一般高速钢刀具比硬质合金刀具前角大（　　）。

A. 0°～5°　　　　B. 6°～10°　　　C. 11°～15°

7. GSK982TA 数控系统车床可以控制（　　）个坐标轴。

A. 1　　　　　　B. 2　　　　　C. 3　　　　　　D. 4

8. GSK982TA 和 GSK980TZ 轴的相对坐标表示为（　　）。

A. X　　　　　　B. Z　　　　　C. U　　　　　　D. W

9. 在 GSK982 控制系统中公制螺纹的切削指令是（　　）。

　　A. G00　　　　　　B. G01　　　　　　C. G33　　　　　　D. M02

10. 数控车床的纵向和横向分别定义为（　　）。

　　A. X、Y　　　　　　B. X、Z　　　　　　C. Z、X　　　　　　D. Y、X

11. 在 GSK980 数控系统中，相对坐标和绝对坐标混合编程时，同一程序段中可以同时出现（　　）。

　　A. X　U　　　　　　B. Z　W　　　　　　C. U　Z 或 X　W

12. 子程序结束指令是（　　）。

　　A. M02　　　　　　B. M97　　　　　　C. M98　　　　　　D. M99

13. 在 GSK928 数控系统中，G28 指令执行后将消除系统的（　　）。

　　A. 系统坐标偏置　　　B. 刀具偏量　　　C. 系统坐标偏置和刀具偏置

14. 在 M20-6H／6g 中，6H 表示内螺纹公差代号，6g 表示（　　）公差带代号。

　　A. 大径　　　　　　B. 小径　　　　　　C. 中径　　　　　　D. 外螺纹

15. 车刀的主偏角为（　　）时，它的刀头强度和散热性能最佳。

　　A. 45°　　　　　　B. 75°　　　　　　C. 90°

16. 980 数控系统中 Z 轴的相对坐标表示（　　）。

　　A. X　　　　　　　B. Z　　　　　　　C. U　　　　　　　D. W

17. 在 GSK980 控制系统中公制螺纹切削的指令是（　　）。

　　A. G00　　　　　　B. G01　　　　　　C. G33　　　　　　D. M02

18. 在切削加工时，切削热主要是通过（　　）传导出去的。

　　A. 切削　　　　　　B. 工件　　　　　　C. 刀具　　　　　　D. 周围介质

19. 减小（　　）可以细化工件的表面粗糙度。

　　A. 主偏角　　　　　B. 副偏角　　　　　C. 刃倾角

20. 在 GSK928 数控系统中，G27 指令执行后将消除系统的（　　）。

　　A. 系统坐标偏置　　B. 刀具偏置　　　C. 系统坐标偏置和刀具偏置

21. GSK928 数控系统中，下列的 G 代码指令属于相对坐标指令（　　）。

　　A. G11　　　　　　B. G20　　　　　　C. G73　　　　　　D. G91

22. 圆弧指令中的半径用（　　）表示。

　　A. S，W　　　　　B. U，X　　　　　C. K，J　　　　　D. R

23. 钨钴钛类硬质合金主要用于加工（　　）材料。

　　A. 铸铁和有色金属　　　　　　B. 碳素钢和合金钢

　　C. 不锈钢和高硬度钢　　　　　D. 工具钢和淬火钢

24. 在车削细长类零件时，为减小径向力 Fy 的作用，主偏角 Kr 采用（　　）角度为宜。

　　A. 小于 30°　　　　B. 30°～45°　　　　C. 大于 60°

25. 为了降低加残留面积高度，以便减小表面粗糙度值，（　　）对其影响最大。

　　A. 主偏角　　　　B. 副偏角　　　　C. 前角　　　　D. 后角

26. GSK928 数控系统中 G33 指令代表（　　）。

　　A. 快速运动　　　　　　　　B. 直线插补

　　C. 程序停止返回开头　　　　D. 螺纹切削

27. 在 GSK928 或 980 中子程序结束指令是（　　）。

　　A. G04　　　　B. M96　　　　C. M99　　　　D. M09

28. 键盘上 "ENTER" 键是（　　）键。

　　A. 参数　　　　B. 回车　　　　C. 命令　　　　D. 退出

29. 车削（　　）材料时，车刀可选择较大的前角。

　　A. 软性　　　　B. 硬性　　　　C. 塑性　　　　D. 脆性

30. YG8 硬质合金，其中数字 8 表示（　　）含量的百分数。

　　A. 碳化钨　　　　B. 钴　　　　C. 碳化钛

31. 在圆弧指令中圆心的坐标在 X 轴上的分别用（　　）表示。

　　A. Q　　　　B. I　　　　C. F　　　　D. K

32. 用卡盘装夹悬臂较长的轴，容易产生（　　）误差。

　　A、圆度　　　　B. 圆柱度　　　　C. 母线直线度

33. 由外圆向中心进给车端面时，切削速度是（　　）。

　　A. 不变　　　　B. 由高到低　　　　C. 由低到高

34. 在车床上钻孔时，钻出的孔径偏大的主要原因是钻头的（　　）。

　　A. 后角太大　　　B. 两主切削刃长不等　　　C. 横刃太长

35. 机械效率值永远是（　　）。

　　A. 大于 1　　　　B. 小于 1　　　　C. 等于 1　　　　D. 负数

36. 合金工具钢刀具材料的热处理硬度是（　　）。

　　A.（40～45）HRC　　　　B.（60～65）HRC　　　　C.（70～80）HRC

37. 钨钴类硬质合金主要用于加工脆性材料、有色金属和非金属在粗加工时，应选
（　　）牌号的刀具。

　　A. YG3　　　　　B. YG6X　　　　　C. YG6　　　　　D. YG8

38. 在 GSK928 里是初态的是（　　）。

　　A. G0　　　　　B. G1　　　　　C. G91　　　　　D. G92

39. 在 GSK928 最多可安装几位自动刀架（　　）。

　　A. 2 位　　　　　B. 4 位　　　　　C. 6 位　　　　　D. 8 位

40. 在 GSK928 里 G14X100Z100 的意义是在（　　）。

　　A. 换刀时刀具必须大于 X100　Z100　　　B. 换刀时刀具必须小于 X100　Z100
　　C. 换刀时刀具必须等于 X100　Z100　　　D. 以上都不是

41. 在 GSK928 里 G26 的意义是（　　）。

　　A. 快速定位
　　B. 快速返回加工原点
　　C. 返回前一程序段运行前的位置
　　D. 先定位到指定点，再返回加工原点

42. 在 GSK928 里半径编程是（　　）。

　　A. G8　　　　　B. G9　　　　　C. G10　　　　　D. G11

43. 在 GSK928 的 G33 里面 I 是代表（　　）。

　　A. 圆弧起点到圆心在 X 坐标上的分量　　　B. 螺纹锥度
　　C. 圆弧起点到圆心在 Z 坐标上的分量　　　D. 圆柱锥度

44. 哪一组程序段更加合理（　　）。

　　A. G01　X－10　T11　　　B. T11　　　C. G00　X－30　Z50　T11

45. 在车床的两顶尖之间装夹一长工件，当机床刚性较好，工件刚性较差时车削外
圆后，工件呈（　　）误差。

　　A. 鞍形　　　　　B. 鼓形　　　　　C. 无影响

46. 切削时，切屑流向工件的待加工表面，此时刀尖强度较（　　）。

　　A. 好　　　　　B. 差　　　　　C. 一般

47. 通过切削刃选定点，与主切削刃相切，并垂直于基面的平面叫（　　）。

　　A. 切削平面　　　　　B. 基面　　　　　C. 正交平面

48. GSK980T 直径／半径编程的状态影响那一组字段（　　）。

A. F、S　　　　B. Z、K、L　　　　C. G02 G03 中的 R　　　　D. X、U、I

49. 哪一段圆弧插补指令是过象限的（　　）。

A. G02　U−20　W10　R15　　　　B. G03　U15　W−20　R30

C. G02　U100　W200　R50

50. 车床数控系统中，用哪一组指令进行恒线速控制（　　）。

A. G0　S_　　　　B. G01　F　　　　C. G96　S_　　　　D. G98　S_

51. 选择刀具的前角时，主要按加工材料定，当加工塑性材料时，应取（　　）的前角。

A. 负值　　　　B. 较小　　　　C. 较大

52. 在切削金属材料时，属于正常磨损中最常见的情况是（　　）磨损。

A. 前面　　　　B. 后面　　　　C. 前、后面同时

53. 车床主轴存在轴向窜动时，对（　　）的加工精度影响很大。

A. 外圆　　　　B. 内孔　　　　C. 端面

54. 普通高速钢是加工一般金属材料用的高速钢，常用牌号有 W18Cr4V 和（　　）两种。

A. Crw　Mn　　　B. 9Si　Cr　　　C. W12CrV4Mo　　　D. W6Mo5Cr4V2

55. 在切削塑性较大的金属材料时会形成（　　）切削。

A. 带状　　　　B. 挤裂　　　　C. 粒状　　　　D. 崩碎

56. GSK980 系统中，子程序结束指令 M99 可以和（　　）处于同一程序段中。

A. M98　SI　　　B. G0　X100　　　C. M05　M09

57. 为了提高零件加工的生产率，最主要考虑的一个方面是（　　）。

A. 减少毛坯余量；

B. 提高切削速度；

C. 减少零件加工中的装卸、测量和等待时间；

D. 减少零件在车间的运送和等待时间。

58. 在中断型系统软件结构中，各种功能程序被安排成优先级别不同的中断服务程序，下列程序中被安排成最高级别的应是（　　）。

A. CRT 显示；　　　　　　B. 伺服系统位置控制；

C. 插补运算及转段处理；　　D. 译码、刀具中心轨迹计算。

59. 当交流伺服电机正在旋转时，如果控制信号消失，则电机将会（　　）。

A. 立即停止转动；　　　　B. 以原转速继续转动；

C. 转速逐渐加大；　　　　　　D. 转速逐渐减小。

60. 油泵输出流量脉动最小的是（　　）。

A. 齿轮泵；　　　B. 转子泵；　　　C. 柱塞泵；　　　D. 螺杆泵。

三、编程题：（本题 20 分）

使用数控车床切削零件图如下，毛坯材料为 45 号钢，直径为 90mm，长度为 320mm。要求使用 4 把刀完成零件的加工，其中 1 号刀为粗车 90 度外圆车刀，2 号刀是精车 90 度外圆车刀，3 号刀为切断刀，4 号刀为三角螺纹车刀。

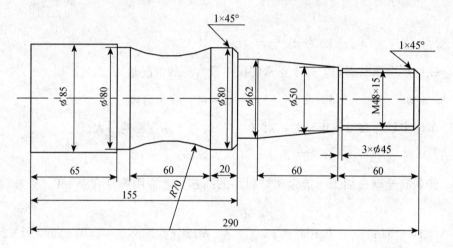

练习题六

一、判断题

（　　）1. 内径百分表可用于测量孔径和孔的位置误差。

（　　）2. 因为人体电阻为 800Ω，所以 36V 工频电压能绝对保证人体安全。

（　　）3. 高碳钢的质量优于中碳钢，中碳钢的质量优于低碳钢。

（　　）4. 为了使传动磨损均匀，链节数与链轮齿数应同为偶数或奇数。

（　　）5. 圆弧车刀具有宽刃切削性质，能使精车余量相当均匀，改善切削性能。

（　　）6. G00 指令中可以不加"F"也能进行快速定位。

（　　）7. 子程序一般放在主程序后面。

（　　）8. 车端面时的切削速度是变化的。

（　　）9. 游标卡尺能测量零件的长度、孔距、内径和外径，不能测量孔的深度。

（　　）10. 刀具运动位置的坐标值是相对于前一点位置给出的称为增量坐标。

（　　）11. G01 属于准备功能。

（　　）12. 数控车床选择滚珠丝杆副，主要原因是因为容易调整其间隙大小。

（　　）13. 加工批量的多少影响数控车床加工工艺。

（　　）14. 加工中要使加工暂停，只要按单段停就可以。

（　　）15. 数控车床能加工轮廓形状特别复杂或难于控制尺寸的回转体。

（　　）16. 在同一个程序里，既可以用绝对值编程，又可以用增量值编程。

（　　）17. 车圆锥时产生双曲线误差的主要原因是刀尖没有对准工件轴线。

（　　）18. 开环数控系统一般用功率步进电机做伺服驱动元件。

（　　）19. FMC 指柔性制造单元。

（　　）20. 加工过程中不能对程序修改。

二、选择题：

1. 闭环控制系统的反馈装置装在（　　）上。

    A. 电机转轴上　　　B. 位移传感器上　　　C. 传动丝杠上　　　D. 机床移动部件上

2. 机床坐标原点由（　　）坐标规定。

    A. 右手笛卡尔　　　B. 球　　　　　C. 极　　　　　D. 圆柱

3. G01 属于（　　）功能。

    A. 准备　　　　　B. 辅助　　　　　C. 换刀　　　　　D. 主轴转速

4. 加工数量较少或单个成形面工件可采（　　）。

    A. 双手控制法　　　B. 仿形法　　　C. 成形刀车削法　　　D. 专用工具

5. 基准刀的刀补一般可设置为（　　）。

    A. （X0，Z0）　　　B. （X−10，Z0）　　　C. （X0，Z−10）　　　D. （X10，Z10）

6. 键盘上"COMM"键是（　　）键。

    A. 参数　　　　　B. 回车　　　　　C. 命令　　　　　D. 退出

7. 测速发电机可将输入的机械转速变为（　　）信号输出。

    A. 电流　　　　　B. 电压　　　　　C. 功率　　　　　D. 以上都不是

8. 刀补也称（　　）。

    A. 刀具半径补偿　　B. 刀具长度补偿　　C. 刀位偏差　　D. 以上都不是

9. 脉冲当量是（　　）。

    A. 相对于每一脉冲信号，传动丝杠所转过的角度；

    B. 相对于每一脉冲信号，步进电机所回转的角度；

    C. 脉冲当量乘以进给传动机构的传动比就是机床部件的位移量；

    D. 对于每一脉冲信号，机床运动部件的位移量。

10. 数控机床对伺服系统的不作要求的有（　　）。

A. 承载能力强　　　B. 调速范围宽　　　C. 较高的控制精度　　　D. 结构简单

11. 当交流伺服电机正在旋转时，如果控制信号消失，则电机将会（　　）。

A. 立即停止转动　　　　　B. 以原转速继续转动

C. 转速逐渐加大　　　　　D. 转速逐渐减小

12. M5 是（　　）。

A. 程序结束　　　B. 主轴正转　　　C. 主轴反转　　　D. 主轴停止

13. 外径百分尺可用于测量工件的（　　）。

A. 内径和长度　　B. 深度和孔距　　C. 内径和深度　　D. 外径和长度

14. 空运行是对各项内容进行综合校验，是（　　）查出程序有无错误。

A. 完全　　　　B. 初步　　　　C. 部分　　　　D. 准确

15. 下列 M 指令中（　　）指令表示暂停。

A. M12　　　　B. M2　　　　C. M20　　　　D. M27

16. 编程中设定定位速度 F1＝5 000mm/min，切削速度 F2＝100mm/min，如果参数键中设置进给速度倍率为 80%，则应选（　　）。

A. F1＝4 000，F2＝80　　　　　　　B. F1＝5 000，F2＝80

C. F1＝5 000，F2＝100　　　　　　D. F1＝4 000，F＝100

17. 平面几何中，经过点（1，1）和点（−1，−1）的直线方程是（　　）。

A. $y=-x$　　B. $y=x+1$　　C. $y=x-1$　　D. $x=y$

18. 下列 G 功能指令中（　　）是模态指令。

A. G90、G11、G01　　　　　　　B. G90、G00、G10

C. G33、G80、G27　　　　　　　D. G33、G84、G91

19. 为缩短换刀和磨刀的时间，提高刀杆利用率，数控车床常采用（　　）车刀。

A. 整体式　　　B. 不重磨　　　C. 焊接式　　　D. 高速钢

20. 防火技术的基本要求即避免可燃物、助燃物、（　　）同时存在，互相作用。

A. 易燃物　　　B. 挥发性气体　　　C. 危险品　　　D. 火源

三、填空题（请将适当的词语填入划线处。每题 1 分，满分 20 分）

1. 刀具前角大，易形成＿＿＿＿＿＿切屑；

2. S 属于＿＿＿＿＿＿功能。

3. 字符在穿孔带上的编码，国际上常采用的有＿＿＿＿＿和 EIA 代码。

4. 卡盘与车床主轴的连接方法通常有＿＿＿＿＿＿种。

5. 为编程方便，编程坐标系中各轴的方向应与所使用的数控机床相应的坐标轴方向_____。

6. 夹具一般由_____、夹紧装置和辅助装置组成。

7. 数控系统软件分为系统软件和_____。

8. 使用直径坐标编程时，所有直径方向的参数都应使用_____。

9. 工件上已加工表面的垂直距离称为_____。

10. 车刀的副偏角能影响工件的_____。

11. 闭环系统需_____环节取得反馈信号，由其控制伺服电机，消除误差。

12. 安全色的对比是_____。

13. 外圆粗车刀必须适应粗车时_____、进给快的特点。

14. 用百分表测量表面时，测量杆要与被测表面_____。

15. 所谓_____就是主动轮转速 n_1 与从轮转速 n_2 的比值。

16. 切断刀的主偏角等于_____。

17. 加工程序结束之前必须使系统（刀尖位置）返回到_____原点。

18. PLC 主要有_____、I/O 模块、存储器及电源组成。

19. 改变步进电机绕组的通电顺序，即可改变其_____。

20. G92 是_____。

四、简答题（根据问题作答，要求笔迹清楚。20 分）

1. 试述刃倾角的作用和选择。

2. 车刀的前角、后角如何选择？

3. 什么叫装夹？常用的装夹方法有哪些？

4. 分析零件图样是工艺准备中的首要工作，包括哪些内容？

五、编程题（本题 20 分）

◇ 需加工的工件如图示，材料为 $\phi40\times130$ 的 45# 圆钢。

◇ 刀架上有 4 把车刀，1 号刀为粗车 90℃外圆车刀，2 号刀是精车 90℃外圆车刀，3 号刀为切断刀（刀宽为 3.2mm，对刀时对截刀的右边点），4 号刀为三角螺纹车刀。

◇ 请编写 ISO 语言程序，并予以对应工艺说明。

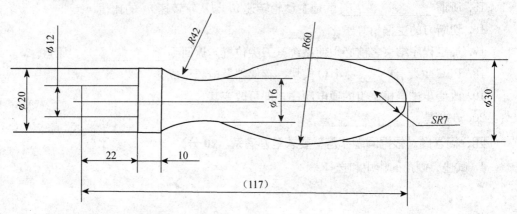

练习题七

一、判断题

（　　）1. 数控机床的伺服系统由伺服驱动和伺服执行两个部分组成。

（　　）2. 为防止工件变形，夹紧部位要与支承件对应，尽可能不在悬空处夹紧。

（　　）3. 数控机床伺服系统将数控装置的脉冲信号转换成机床移动部件的运动。

（　　）4. 难加工材料主要是指切削加工性差的材料，不一定简单地从力学性能上来区分。如在难加工材料中，有硬度高的，也有硬度低的。

（　　）5. 加工中心和数控车床因能自动换刀，在其加工程序中可以编入几把刀具，而数控铣床因不能自动换刀，其加工程序只能编入一把刀具。

（　　）6. 数控加工中，程序调试的目的：一是检查所编程序是否正确，再就是把编程零点，加工零点和机床零点相统一。

（　　）7. 用游标卡尺可测量毛坯件尺寸。

（　　）8. 8031 与 8751 单片机的主要区别是 8031 片内无 RAM。

（　　）9. 坦克的履带板是用硬度很高的高锰奥氏体钢制造的，因此耐用。

（　）10. 闭环系统比开环系统具有更高的稳定性。

（　）11. 工作台是数控机床的重要部件。

（　）12. 切断刀的特点是主切削刃较窄。

（　）13. 尺寸链封闭环的基本尺寸，是其他各组成环基本尺寸的代数差。

（　）14. 工件以其已加工平面，在夹具的四个支承块上定位，属于四点定位。

（　）15. 机床的操练、调整和修理应有经验或受过专门训练的人员进行。

（　）16. 在同一条螺线上，中径上的螺纹升角小于大径上的螺纹升角。

（　）17. 切削宽度 a_w 是在垂直于工件加工表面测量的切削层尺寸。

（　）18. 负前角仅适用于硬质合金车刀切削强度很高的钢材。

（　）19. 程序 N100 G01X100Z80；N110G01X90Z60；可以用 N100G01X100Z80；N110X90Z60 代替。

（　）20. 车外圆时，圆柱度达不到要求的原因之一是车刀材料耐磨性差而造成的。

二、选择题

1. FMS 是指（　）。

A. 直接数控系统　　　　　　B. 自动化工厂
C. 柔性制造系统　　　　　　D. 计算机集成制造系统

2. 闭环系统比开环系统及半闭环系统（　）。

A. 稳定性好　　B. 故障率低　　C. 精度低　　D. 精度高

3. 用逐点比较插补法加工第一象限的斜线，若偏差逐数等于零，刀具应沿（　）方向进绘一步。

A. ＋X　　　　B. ＋Y　　　　C. －X　　　　D. －Y

4. 在中断型系统软件结构中，各种功能程序被安排成优先级别不同的中断服务程序，下列程序中被安排成最高级别的应是（　）。

A. CRT 显示　　　　　　B. 伺服系统位置控制
C. 插补运算及转段处理　　D. 译码、刀具中心轨迹计算

5. 当交流伺服电机正在旋转时，如果控制信号消失，则电机将会（　）。

A. 立即停止转动　　　　B. 以原转速继续转动
C. 转速逐渐加大　　　　D. 转速逐渐减小

6. 逐点比较圆弧插补时，若偏差读数等于零，说明刀具在（　）。

A. 圆内　　B. 圆上　　C. 圆外　　D. 圆心

7. 将二进制数码 1011 转速换为循环码是（　）。

A. 1010　　B. 1110　　C. 1000　　D. 1101

8. 对于一个设计合理，制造良好的带位置闭环控制系统的数控机床，可达到的精

度由（　）决定。

  A. 机床机械结构的精度   B. 检测元件的精度

  C. 计算机的运算速度   D. 驱动装置的精度

9. 数控机床几乎所有的辅助功能都通过（　）来控制。

  A. 继电器   B. 主计算机   C. G 代码   D. PLC

10. ø30H7/k6 属于（　）配合。

  A. 间隙   B. 过盈   C. 过渡   D. 滑动

11. 加工平面任意直线应采用（　）。

  A. 点位控制数控机床   B. 点位直线控制数控机床

  C. 轮廓控制数控机床   D. 闭环控制数控机床

12. 交、直流伺服电动机和普通交、直流电动机的（　）

  A. 工作原理及结构完全相同 B. 工作原理相同，但结构不同

  C. 工作原理不同，但结构相同 D. 工作原理及结构完全不同

13. 选择刀具起始时应考虑（　）。

  A. 防止与工件或夹具干涉碰撞 B. 方便工件安装测量

  C. 每把刀具刀尖在起始点重合 D. 必须选工件外侧

14. 准备功能 G90 表示的功能是（　）。

  A. 预备功能 B. 固定循环 C. 绝对尺寸 D. 增量尺寸

15. 74L373 是（　）。

  A. 程序存储器 B. 地址锁存器 C. 地址译码器 D. 数据存储器

16. 三相步进电动机的步距角是 1.5°，若步进电动机通电频率为 2 000Hz，则步进电动机的转速为（　）r/min。

  A. 3 000 B. 500 C. 1 500 D. 1 000

17. 强电和微机系统隔离常采用（　）。

  A. 光电福合器 B. 晶体三极管 C. 74LSl38 编码器 D. 8255 接口芯片

18. 以下提法中，（　）是错误的。

  A. G92 是模态指令   B. G04、X30 表示暂停 3S

  C. G33 Z_F_ 中的 F 表示进给量 D. G41 是刀具左补偿

19. 机床精度指数可衡量机床精度，机床精度指数（　），机床精度高。

  A. 大   B. 小   C. 无变化   D. 为零

20. 脉冲分配器是（　）。

A. 产生脉冲信号的功能元件

B. 进行插补运算的功能元件

C. 控制脉冲按规定通电方式分配脉冲的功能元件

D. 功放电路

21. 采用 8155 与键盘连结，若有一键按下，该按键列线对应的端口电平（　　）。

    A. 保持不变　　　B. 是高电平　　　C. 是低电乎　　　D. 高阻状态

22. 在设备的维护保养制度中，（　　）是基础。

    A. 日常保养　　　B. 一级保养　　　C. 二级保养　　　D. 三级保养

23. 高速切削塑性金属材料时，若没采取适当的断屑措施，则易形成（　　）切屑。

    A. 挤裂　　　　　B. 崩碎　　　　　C. 带状　　　　　D. 短

24. 滚珠丝杠副消除轴向间隙的目的主要（　　）。

    A. 减少摩擦力矩　　　　　　B. 提高反向传动精度

    C. 提高使用寿命　　　　　　D. 增大驱动力矩

25. 对于配合精度要求较高的圆锥工件，在工厂中一般采用（　　）检验。

    A. 圆锥量规涂色　B. 万能角度尺　　C. 角度样板　　　D. 游标卡尺

26. 目前国内外应用较多的塑料导轨材料有（　　）为基，添加不同填充料所构成的高分子复合材料。

    A. 聚四氟乙烯　　B. 聚氯乙烯　　　C. 聚氯丙烯　　　D. 聚乙烯。

27. 需要刷新的存储器是（　　）。

    A. EPROM　　　B. EEPROM　　　C. 静态 RAM　　　D. 动态 RAM

28. 半闭环系统的反馈装置一般装在（　　）。

    A. 导轨上　　　　B. 伺服电机上　　C. 工作台上　　　D. 刀架上

29. 数控机床在轮廓拐角处产生"欠程"现象，应采用（　　）方法控制。

    A. 提高进给速度　　　B. 修改坐标点　　　C. 减速或暂停

30. 应用刀具半径补偿功能时，如刀补值设置为负值，则刀具轨迹是（　　）。

    A. 左补　　B. 右补　　C. 不能补偿　　D. 左补变右补，右补变左补

31. 连续控制系统与点位控制系统最主要的区别：前者的系统中有一个（　　）。

    A. 累加器　　　　B. 存储器　　　　C. 插补器　　　　D. 比较器

32. 几个 FMC 用计算机和输送装置联结起来可以组成（　　）。

    A. CIMS　　　　B. DNC　　　　　C. CNC　　　　　D. FMS

33. 前后两项尖装夹车外圆的特点是（　　）。

　　A. 精度高　　　　　B. 刚性好　　　　　C. 可大切削量切削　　　D. 安全性好

34. 以直线拟合廓形曲线时，容许的拟合误差等于（　　）。

　　A. 零件尺寸公差　　　　　　　B. 零件尺寸公差的 $1/2\sim1/3$
　　C. 零件尺寸公差的 $1/5\sim1/10$　　D. 零件尺寸公差的 $1/20$

35. 通常 CNC 系统将零件加工程序输入后，存放在（　　）。

　　A. RAM 中　　　　B. ROM 中　　　　C. PROM 中　　　D. EPROM 中

36. 只要对 CIMS 系统输入（　　）、就可自动地输出合格产品。

　　A. 零件图纸　　　　　　　　　B. 零件加工程序
　　C. 所需产品有关信息和原材料　　D. 管理程序

37. 8255 芯片是（　　）。

　　A. 可编程并行接口芯片　　　　B. 不可编程并行接口芯片
　　C. 可编程串行接口芯片　　　　D. 可编程定时接口芯片

38. 卡盘与车床主轴的连接方法通常有（　　）种。

　　A. 一　　　　　B. 二　　　　　C. 三　　　　　D. 四

39. 在机床上，为实现对鼠笼式感应电动机的连续速度调节，常采用（　　）。

　　A. 转子回路中串电阻法　　　　B. 改变电源频率法
　　C. 调节定子电压法　　　　　　D. 改变定于绕组极对数法

40. 数控机床位置精度的主要评定项目有（　　）。

　　A. 4 项　　　　　B. 3 项　　　　　C. 2 项　　　　　D. 1 项

41. DNC 系统是指（　　）。

　　A. 适应控制系统　　　　　　　B. 群控系统
　　C. 柔性制造系统　　　　　　　D. 计算机数控系统

42. AC 控制是指（　　）。

　　A. 闭环控制　　　B. 半闭环控制　　　C. 群控系统　　　D. 适应控制

43. 辅助功能 M03 代码表示（　　）。

　　A. 程序停止　　B. 冷却液开　　C. 主轴停止　　D. 主轴顺时针方向转动

44. 刀具容易产生积瘤的切削速度大致是在（　　）范围内。

　　A. 低速　　　　　B. 中速　　　　　C. 高速

45. 切断刀由于受刀头强度的限制，副后角应取（　　）。

A. 较大　　　　　B. 一般　　　　　C. 较小

46. 980 数控系统中 Z 轴的相对坐标表示（　　）。

　　A. X　　　　　B. Z　　　　　C. U　　　　　D. W

47. 在 GSK980 控制系统中公制螺纹切削的指令是（　　）。

　　A. G00　　　　B. G01　　　　C. G33　　　　D. M02

48. 在切削加工时，切削热主要是通过（　　）传导出去的。

　　A. 切削　　　　B. 工件　　　　C. 刀具　　　　D. 周围介质

49. 装刀时必须使修光刃与进给方向（　　），且修光刃长度必须大于进给量。

　　A. 平行　　　　B. 垂直

50. 减小（　　）可以细化工件的表面粗糙度。

　　A. 主偏角　　　B. 副偏角　　　C. 刃倾角

51. 在车削细长类零件时，为减小径向力 Fy 的作用，主偏角 Kr 采用（　　）角度为宜。

　　A. 小于 30°　　B. 30°～45°　　C. 大于 60°

52. 为了降低加残留面积高度，以便减小表面粗糙度值，（　　）对其影响最大。

　　A. 主偏角　　　B. 副偏角　　　C. 前角　　　　D. 后角

53. GSK928 数控系统中 G33 指令代表（　　）。

　　A. 快速运动　　　　　　　B. 直线插补

　　C. 程序停止返回开头　　　D. 螺纹切削

54. 在 GSK928 或 980 中子程序结束指令是（　　）。

　　A. G04　　　　B. M96　　　　C. M99　　　　D. M09

55. 切削用量对刀具寿命的影响，主要是通过对切削温度的高低来影响的，所以影响刀具寿命最大的是（　　）。

　　A. 背吃刀量　　B. 进给量　　　C. 切削速度

56. 车削（　　）材料时，车刀可选择较大的前角大。

　　A. 软性　　　　B. 硬性　　　　C. 塑性　　　　D. 脆性

57. 混合编程的程序段是（　　）。

　　A. G0　X100　Z200　F300　　　　B. G01　X－10　Z－20　F30
　　C. G02　U－10　W－5　R30　　　　D. G03　X5　WV10　R30　F500

58. 数控车床系统中，系统的初态和模态是指（　　）。

A. 系统加工复位后的状态　　B. 系统I/O接口的状态　　C. 加工程序的编程状态

59. 那一组指令是模态的（　　）。

　　A. G04　　　　　　　B. G10　　M02　　　　　C. G01　　G98　　F100

60. 刀具材料的硬度超高，耐磨性（　　）。

　　A. 越差　　　　　　　B. 越好　　　　　　　C. 不变

三、编程题（本题 20 分；根据要求作答，要求字迹工整；不答不给分）

工件材料：45#钢，数量：100 件，坯料长度：100mm，直径 30mm。

1. 确定零件的定位基准、装夹方案；（2分）

2. 分析并用图表示各刀具、确定对刀点（3分）；

3. 制订加工方案，明确切削用量；（3分）

4. 详细计算并注明基点、圆心的等的坐标值；（4分）

5. 填写加工程序单，并作必要的工艺说明。（8分）

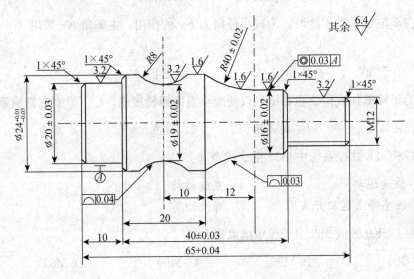

参考答案

练习题一参考答案

一、单项选择（第 1 题～第 160 题。）

1. A　2. B　3. C　4. D　5. A　6. A　7. B　8. D

9. C　10. C　11. D　12. C　13. D　14. B　15. A　16. D

17. B　18. D　19. B　20. C　21. B　22. B　23. C　24. A

25. B　26. C　27. A　28. A　29. C　30. D　31. C　32. B
33. A　34. C　35. B　36. A　37. D　38. B　39. A　40. B
41. C　42. A　43. B　44. B　45. A　46. C　47. A　48. D
49. A　50. A　51. D　52. A　53. B　54. A　55. C　56. B
57. C　58. D　59. A　60. D　61. A　62. D　63. A　64. B
65. B　66. C　67. A　68. C　69. A　70. C　71. B　72. D
73. B　74. C　75. C　76. C　77. D　78. B　79. C　80. A
81. C　82. C　83. C　84. B　85. B　86. D　87. D　88. B
89. B　90. C　91. B　92. D　93. B　94. D　95. D　96. B
97. D　98. B　99. A　100. C　101. A　102. D　103. C
104. D　105. C　106. D　107. A　108. B　109. A　110. C
111. D　112. C　113. C　114. D　115. D　116. D　117. A
118. C　119. B　120. A　121. A　122. D　123. A　124. A
125. B　126. C　127. B　128. A　129. C　130. B　131. A
132. D　133. C　134. A　135. A　136. B　137. D　138. D
139. A　140. A　141. C　142. B　143. D　144. C　145. D
146. A　147. A　148. C　149. D　150. A　151. C　152. A
153. B　154. D　155. B　156. A　157. B　158. B　159. B
160. D

二、判断题（第161～200题。）

161. √　162. ×　163. √　164. ×　165. ×　166. ×　167. ×
168. √　169. ×　170. ×　171. √　172. ×　173. √　174. √
175. ×　176. ×　177. ×　178. ×　179. √　180. ×　181. ×
182. ×　183. ×　184. √　185. √　186. √　187. ×　188. √
189. √　190. √　191. √　192. √　193. ×　194. √　195. √
196. ×　197. ×　198. ×　199. ×　200. ×

练习题二参考答案

一、单项选择（第1题～第160题）

1. B　2. D　3. D　4. C　5. C　6. A　7. A　8. B　9. D
10. C　11. C　12. B　13. A　14. A　15. A　16. D　17. A　18. A
19. C　20. B　21. A　22. A　23. A　24. B　25. A　26. A　27. D
28. A　29. A　30. C　31. A　32. B　33. B　34. A　35. B　36. C

37. A 38. C 39. C 40. A 41. B 42. A 43. A 44. A 45. B
46. A 47. B 48. D 49. A 50. B 51. A 52. A 53. A 54. A
55. D 56. A 57. A 58. B 59. B 60. B 61. A 62. D 63. A
64. D 65. D 66. C 67. A 68. B 69. C 70. C 71. C 72. D
73. C 74. B 75. D 76. B 77. C 78. C 79. C 80. D 81. C
82. A 83. C 84. A 85. C 86. C 87. B 88. C 89. D 90. D
91. B 92. B 93. C 94. B 95. D 96. B 97. D 98. B 99. D
100. B 101. D 102. A 103. C 104. A 105. D 106. C 107. C 108. D
109. A 110. B 111. A 112. C 113. D 114. C 115. C 116. D 117. D
118. D 119. A 120. C 121. B 122. C 123. A 124. D 125. A 126. B
127. D 128. A 129. C 130. B 131. A 132. D 133. D 134. C 135. A
136. B 137. C 138. D 139. D 140. A 141. A 142. C 143. B 144. C
145. D 146. D 147. A 148. A 149. A 150. D 151. A 152. D 153. A
154. A 155. A 156. D 157. B 158. B 159. A 160. B

二、判断题（第161～200题。）

161. √ 162. × 163. √ 164. √ 165. × 166. √ 167. √ 168. √
169. × 170. √ 171. × 172. √ 173. × 174. √ 175. × 176. √
177. × 178. × 179. √ 180. √ 181. × 182. √ 183. √ 184. √
185. √ 186. × 187. × 188. × 189. × 190. √ 191. × 192. √
193. × 194. × 195. ×

练习题三参考答案

一、单项选择（第1题～第160题。）

1. B 2. C 3. C 4. A 5. D 6. A 7. D 8. C 9. B
10. B 11. B 12. B 13. D 14. B 15. D 16. C 17. B 18. B
19. A 20. C 21. D 22. B 23. B 24. D 25. C 26. B 27. A
28. A 29. D 30. C 31. D 32. D 33. D 34. D 35. B 36. C
37. A 38. C 39. C 40. C 41. B 42. A 43. B 44. A 45. D
46. B 47. A 48. A 49. D 50. A 51. B 52. A 53. A 54. C
55. A 56. A 57. A 58. D 59. A 60. D 61. D 62. C 63. A
64. C 65. D 66. D 67. A 68. B 69. B 70. A 71. C 72. C
73. D 74. C 75. D 76. D 77. B 78. C 79. D 80. B 81. C
82. C 83. C 84. C 85. B 86. C 87. B 88. D 89. B 90. B
91. C 92. B 93. D 94. B 95. D 96. B 97. D 98. B 99. D
100. B 101. A 102. C 103. A 104. D 105. C 106. D 107. C 108. D
109. A 110. A 111. C 112. D 113. C 114. C 115. D 116. D 117. D

118. A 119. C 120. B 121. A 122. A 123. A 124. B 125. B 126. D
127. A 128. C 129. B 130. A 131. D 132. D 133. C 134. A 135. A
136. B 137. C 138. D 139. D 140. A 141. A 142. C 143. B 144. C
145. A 146. C 147. D 148. A 149. A 150. D 151. A 152. A 153. C
154. A 155. B 156. B 157. B 158. B 159. B 160. D

二、判断题（第161～200题。）

161. √ 162. × 163. × 164. × 165. √ 166. √ 167. × 168. ×
169. × 170. √ 171. √ 172. × 173. × 174. √ 175. √ 176. ×
177. × 178. × 179. × 180. √ 181. × 182. × 183. √ 184. √
185. √ 186. √ 187. √ 188. × 189. × 190. √ 191. × 192. ×
193. √ 194. √ 195. × 196. × 197. √ 198. × 199. √ 200. √

练习题四参考答案

一、单项选择（第1题～第160题）

1. C 2. B 3. A 4. D 5. A 6. B 7. C 8. D 9. C
10. A 11. D 12. C 13. A 14. D 15. C 16. B 17. B 18. B
19. A 20. B 21. B 22. B 23. D 24. D 25. C 26. C 27. C
28. B 29. D 30. A 31. D 32. A 33. A 34. B 35. B 36. D
37. B 38. A 39. C 40. D 41. A 42. A 43. C 44. C 45. D
46. D 47. A 48. B 49. A 50. A 51. B 52. C 53. C 54. A
55. C 56. A 57. D 58. C 59. B 60. D 61. B 62. D 63. D
64. D 65. B 66. C 67. C 68. B 69. C 70. B 71. D 72. C
73. C 74. C 75. D 76. C 77. B 78. A 79. D 80. B 81. D
82. B 83. B 84. C 85. C 86. C 87. B 88. D 89. C 90. D
91. B 92. A 93. B 94. A 95. D 96. D 97. D 98. A 99. B
100. D 101. D 102. C 103. C 104. D 105. C 106. D 107. A 108. A
109. A 110. D 111. D 112. D 113. D 114. A 115. A 116. C 117. D
118. A 119. C 120. B 121. D 122. A 123. A 124. D 125. A 126. A
127. B 128. D 129. C 130. D 131. D 132. C 133. A 134. C 135. A
136. B 137. D 138. D 139. A 140. A 141. C 142. B 143. B 144. C
145. C 146. B 147. D 148. A 149. A 150. B 151. C 152. D 153. B
154. A 155. B 156. A 157. A 158. B 159. A 160. D

二、判断题（第161～200题。）

161. × 162. √ 163. × 164. √ 165. √ 166. × 167. × 168. √
169. × 170. √ 171. √ 172. √ 173. × 174. √ 175. × 176. √

177. √　178. √　179. √　180. ×　181. √　182. √　183. ×　184. ×
185. ×　186. √　187. ×　188. √　189. ×　190. √　191. ×　192. √
193. √　194. ×　195. √　196. ×　197. ×　198. √　199. ×　200. √

练习题五参考答案

一、判断题

1. √　2. √　3. ×　4. √　5. √　6. ×　7. √　8. √　9. √
10. ×　11. ×　12. √　13. √　14. √　15. √　16. √　17. √
18. ×　19. ×　20. √

二. 选择题

1. B　2. A　3. D　4. A　5. A　6. B　7. B　8. D　9. C
10. B　11. C　12. D　13. C　14. D　15. B　16. D　17. C
18. A　19. B　20. C　21. D　22. D　23. B　24. C　25. B
26. D　27. C　28. B　29. A　30. B　31. B　32. B　33. B
34. B　35. B　36. B　37. D　38. A　39. B　40. A　41. C
42. C　43. B　44. C　45. B　46. B　47. A　48. D　49. C
50. C　51. C　52. B　53. C　54. D　55. A　56. B　57. B
58. B　59. A　60. D

三、编程题（略）

练习题六参考答案

一、判断题

1. ×　2. ×　3. ×　4. ×　5. √　6. √　7. √　8. √　9. ×　10. √
11. ×　12. ×　13. √　14. ×　15. √　16. √　17. √　18. √　19. √
20. ×

二. 选择题

1. D　2. A　3. A　4. A　5. A　6. C　7. B　8. C　9. D　10. D　11. A
12. D　13. D　14. B　15. A　16. B　17. D　18. A　19. B　20. A

三、填空题

1. 带状 2. 主轴转速 3. ISO 4. 二 5. 一致 6. 定位装置 7. 应用软件 8. 直径值 9. 切削深度 10. 表面粗糙度 11. 检测 12. 黑，白 13. 切削深 14. 垂直 15. 传动比 16. 90℃ 17. 加工 18. CPU 19. 旋转方向 20. 设置参数点

四、简答题

1. 作用：控制排屑方向，影响刀头强度

选择：①一般平削取零度；②断续和强力切削取负值，精车取正值。

2. 前角：

①工件材料软，取较大前角，反之，取较小。

②粗加工应取较小前角，精加工取较大前角。

③车刀材料硬，韧性较差，前角取小值，反之取大值。

后角：粗加工应取较小值，精加工取较大值，工件材料较硬，后角宜取小值，反之取大值

3. 工件从定位到夹紧的过程。装夹方法：直线找正装夹，划线找正装夹，夹具装夹。

4.①构成加工轮廓的几何条件。

　②尺寸公差的要求。

　③形状和位置公差要求。

　④表面粗糙度要求。

　⑤材料与热处理要求。

　⑥件数要求。

五、编程题（略）。

练习题七参考答案

一、判断题

1. √　2. √　3. √　4. ×　5. √　6. √　7. √　8. √　9. √　10. ×
11. ×　12. √　13. ×　14. ×　15. √　16. ×　17. ×　18. √　19. √
20. √

二、选择题

1. C　2. D　3. A　4. B　5. A　6. B　7. B　8. B　9. D
10. C　11. C　12. B　13. A　14. C　15. B　16. B　17. A　18. C
19. B　20. C　21. B　22. A　23. C　24. B　25. A　26. A　27. D
28. B　29. B　30. D　31. C　32. D　33. A　34. C　35. A　36. B
37. A　38. B　39. B　40. B　41. C　42. D　43. D　44. B　45. C
46. D　47. C　48. A　49. A　50. B　51. C　52. B　53. D　54. C
55. C　56. A　57. D　58. C　59. C　60. B

三、编程题（略）

附编程练习图

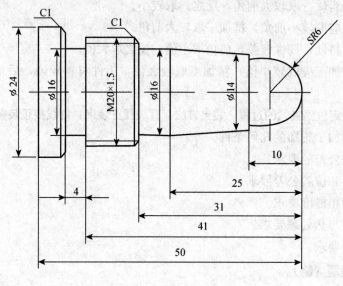

图 1

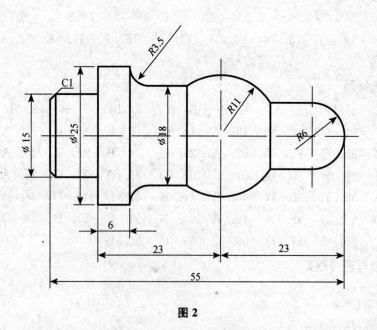

图 2

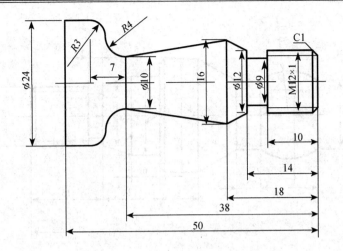

图 3

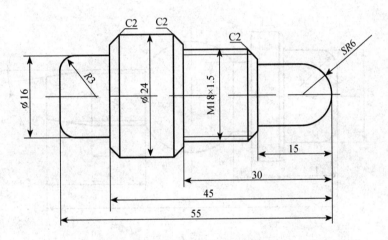

图 4

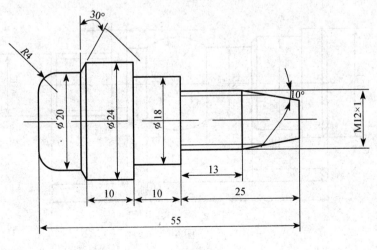

图 5

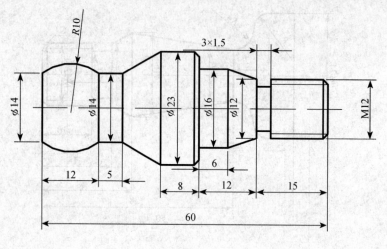

图 6

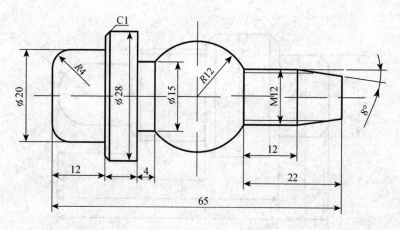

图 7

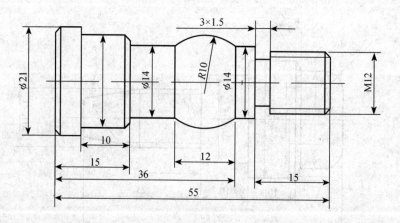

图 8

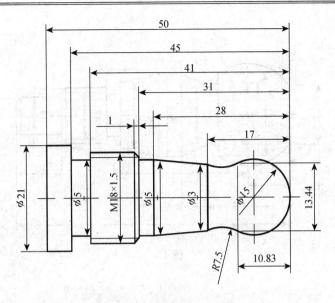

图 9

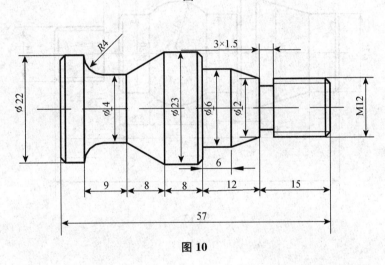

图 10

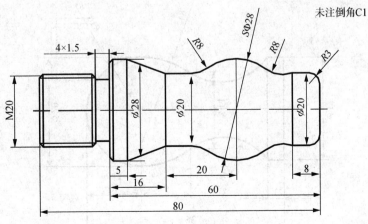

图 11

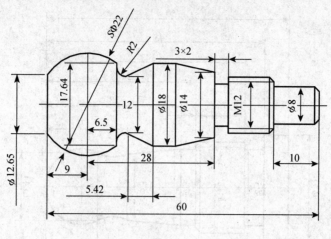

图 12

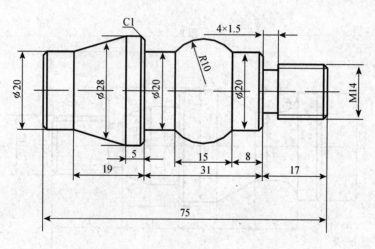

图 13

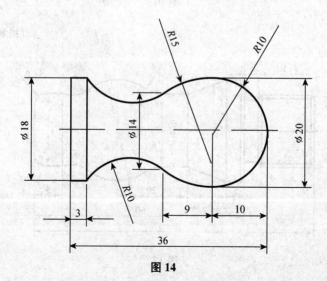

图 14

参考文献

1. 彭德荫. 车工工艺与技能训练 [M]. 北京：中国劳动社会保障出版社，2001
2. 唐监怀，刘翔. 车工工艺与技能训练 [M]. 北京：中国劳动社会保障出版社，2006
3. 钱可强. 机械制图（4 版）[M]. 北京：中国劳动社会保障出版社，2007
4. 李献坤，兰青. 金属材料与热处理 [M]. 北京：中国劳动社会保障出版社，2007
5. 翁承恕. 车工生产实习（96 新版）[M]. 北京：中国劳动出版社，1997